Goldenblicke

Beate Schmöller

Goldenblicke

Meine Abenteuer mit dem verrücktesten Hund der Welt

Aloha Ipo ®

Bibliografische Information der Deutschen Nationalbibliothek. Die Deutsche Nationalbibliothek verzeichnet diese Publikation in der Deutschen Nationalbibliografie; detaillierte bibliografische Daten sind im Internet über http://dnb.d-nb.de abrufbar.

ISBN 13: 978-3-941745-11-7 (Printbuch)
ISBN 13: 978-3-941745-12-4 (eBook epub)
ISBN 13: 978-3-941745-13-1 (eBook PDF)

Copyright © 2011 by AlohaIpo Verlag, Rosenheim

Text: Beate Schmöller
Fotos: Robert Schmöller
Titelgestaltung: iDEA CreativCenter
Lektorat: Kathrin Nord, München
Druck und Bindung: Auer Donauwörth

AlohaIpo Verlag, Robert Schmöller
E-Mail: verlag@alohaipo.com
www.alohaipo.com

Das Glück kam auf vier Pfoten

Was hat mich da nur geritten? Ein Energiebündel auf vier Pfoten, das gerade nach Luft schnappt, um Kraft für neuen Tumult zu schöpfen, hat das Kommando über mein Herz, meinen Tagesablauf, über mein ganzes Leben übernommen. Mehr als sechzehn glückliche Jahre verdanke ich dieser einen, tragweiten Entscheidung, einen Golden Retriever Welpen bei uns aufzunehmen. Von einem Tag auf den anderen stellte dieser Vierbeiner unser ganzes Leben auf den Kopf. Plötzlich drehte sich alles um ein vor Lebensfreude sprühendes Wesen mit hellem, wuschligen Fell, schwarzer, immer interessierter Nase und treuherzigem Blick. Von einem Moment auf den anderen änderte sich unser ganzes Leben.

Danke Ipo für sechzehn wunderbare Jahre. Sie sind die glücklichsten meines Lebens.

Goldenblicke

Meine Abenteuer mit dem verrücktesten Hund der Welt

Urlaubsflirt mit Folgen

Bei meinem Mann Robert stand ein Stellenwechsel an. Bevor er seine neue Aufgabe in Angriff nahm, hatte er vier Wochen Resturlaub, die er keinesfalls im winterlichen Deutschland verbringen wollte. Zur gleichen Zeit bot sich auch mir eine neue berufliche Herausforderung. Allerdings standen mir nur zehn verbleibende Urlaubstage zu. Entsprechend unseres Reisebudgets und zwei Wochen Urlaubszeit entschieden wir uns für eine Reise nach Fuerteventura. Sonne, Strand und Meer – mitten im Winter, das hörte sich gut an. Kurz vor der Reisebuchung besuchten wir zusammen die „boot" in Düsseldorf, eine der größten Messen rund um den Wassersport und die passenden Urlaubswelten. Fasziniert von einem Video, das auf Maui/Hawaii gedreht worden war und das die ganze Schönheit dieser Inselperle im Pazifik zeigte, warfen wir alle bisherigen Planungen über Board. Wir kannten nur noch ein Ziel: Eine Reise nach Maui.

Um auf die Insel zu kommen, mussten wir erst mal um die halbe Welt reisen. Schon aufgrund der großen Entfernung und der langen Anreise wollten wir mindestens vier Wochen bleiben. Wie sollte ich das meinem Arbeitgeber verklickern? Ich wartete erst einmal ab, ob Robert überhaupt einen Flug finden würde, den wir uns leisten konnten.

Freudestrahlend stand er eines Tages in der Türe: „Ich hab einen Flug gefunden, der nicht teurer ist, als der Flug nach Fuerteventura. Wir müssen zwar ein paar Mal umsteigen. Aber darin sehen ich kein Problem."

Ich blickte ihn fragend an: „Wie sieht es mit einer Unterkunft aus? Maui ist nicht gerade bekannt für günstige Mietpreise."

Robert setzte alles in Bewegung, um eine preiswerte Bleibe zu finden. Es schien aussichtslos. Wir wollten nicht im Hinterland irgendwo in der Prärie leben – das aber hätte unserem Budget entsprochen. Nein, wir wollten direkt am Meer unterkommen, am liebsten an der ruhigen Nordküste, wo sich die Windsurfer und Wellenreiter aus der ganzen Welt treffen. Wie der Zufall es wollte, hatte ein guter Jugendfreund von Robert ein altes, baufälliges Haus an genau dieser Küste für einige Jahre gemietet und für nur dreißig Dollar am Tag würden wir sogar die Honeymoon Suite darin beziehen können. Ich spürte, dass die Sache einen Haken hatte, was sich später auch bewahrheiten sollte. Doch die Vorstellung vier Wochen lang mit dem Wellenrauschen am Pazifik zu Bett zu gehen und wieder damit aufzustehen, ließ mich alle Zweifel schnell vergessen. Jetzt blieb nur noch die Frage nach einem günstigen Mietwagen zu klären. Wir checkten die Angebote der internationalen Autovermieter. Einen winzigen Kleinwagen würden wir uns leisten können. Und wenn nicht, dann gäbe es zur Not noch „Rent a wrack": Autovermieter, die direkt vor Ort Schrottkarren vermieten. Wir rechneten uns aus, dass bei einem genügsamen Lebensstil und einem Speiseplan, den wir nach den Sonderangeboten im Supermarkt zusammenstellen wollten, sich der Miniwagen ausgehen würde. Falls nötig, könnten wir uns ja auch ein paar Tage von Wasser, belegten Brötchen und tropischen Früchten ernähren. Paradiesische Ferien schienen zum Greifen nahe. Jetzt stand das Gespräch mit meinem Arbeitgeber auf dem Programm. Nach einigem Hin und Her stimmte er drei Wochen unbezahltem Urlaub zu. Er hatte bereits eine Nachfolgerin für mich eingestellt, die nach Rücksprache glücklicherweise einen Monat früher zur Verfügung stand. Unserer Traumreise ans Ende der Welt stand somit nichts mehr im Weg.

An einem kalten, verregneten Februartag verließen wir Deutschland. Wir freuten uns wie kleine Kinder, als es endlich losging. Bepackt mit Shorts, Bikini, T-Shirts und Flipflops bestiegen wir das Flugzeug, um am anderen Ende Welt in ein Tropenparadies einzutauchen, das in Wirklichkeit noch schöner sein sollte, als wir es uns in unseren kühnsten Träumen vorstellten. Doch bis dahin sollte es noch ein langer Weg sein. Der Flug von München nach London Heathrow war eine Stunde verspätet und unser Anschlussflug in die USA startete nicht von London Heathrow, sondern von London Gatwick. Während wir mit dem Bus von einem Londoner Flughafen zum nächsten unterwegs waren, hob unser Flugzeug in die USA ohne uns an Board ab. Statt für den Weiterflug nach Amerika checkten wir in einem Londoner Flughafenhotel ein bevor wir am nächsten Tag unsere Reise fortsetzen konnten. Der Flugmarathon ging weiter nach New York, Los Angeles, Honolulu und von dort mit Hawaiian Airlines nach Kahului auf Maui. Ganze drei Tage waren wir unterwegs, ehe wir den Duft der Tropeninsel einatmen und die angenehme Wärme spüren konnten. Jetzt erst wurde mir klar, warum der Flug so günstig war. Robert schmunzelte und klärte mich auf, dass er beileibe nicht die günstigste Variante gebucht hatte. Diese hätte über Anchorage, Alaska geführt. Die Vorstellung bei einem Triebwerksschaden in der arktischen Kälte festzusitzen, hatte seine Entscheidung zugunsten der etwas teureren Variante ausfallen lassen. Ich lachte, denn letztendlich waren wir in unserem Urlaubsparadies angekommen. An die Heimreise wollte ich noch nicht denken. Ich war hundemüde, denn den preiswerten Flug bezahlten wir neben häufigem Umsteigen mit geringer Beinfreiheit und engen Sesseln und deshalb mit wenig Schlaf.

Unser Mietwagen stand schon am Flughafen für uns bereit. Ein japanischer Kleinwagen mit einer butterweichen Federung. Ich hatte das Gefühl, als säße ich auf einem Schlafsessel, weshalb ich die Anfahrt zu unserer Urlaubsresidenz auch glatt verschlief. Der selbsternannte Hausmeister erwartete uns bereits und quartierte uns im Strandhaus unterhalb des Haupthauses ein. Die Küche im Haupthaus würden wir uns mit den anderen Bewohnern teilen. Auf den ersten Blick schien alles in Ordnung. Wir nahmen eine heiße Dusche und legten uns schlafen.

Am nächsten Morgen weckte uns der lustvolle Gesang der Vögel. Wir schlüpften in T-Shirts und Shorts und liefen an den Strand. Die Palmenblätter wogen im Wind. Wir lauschten der Melodie der brechenden Wellen. Ganz eng umschlungen wanderten wir am Meer entlang, als plötzlich wie aus dem Nichts ein Hund vor uns stand. Robert erschrak: „Hallo, wer bist du denn?" Auch wenn ihm klar war, dass der Hund nicht antworten würde, brachte er vor Schreck nichts anderes über die Lippen. Ich spürte sofort, dass dieser Vierbeiner nichts Böses im Schilde führte, sondern einfach neugierig war, wer da des Weges kam. Er wich nicht mehr von unserer Seite. Freudig lief er neben uns her und sprang lustvoll ins Meer, ganz so, als wolle er uns auffordern, mit ihm im zu schwimmen.

„Wenn ich nicht wüsste, dass dieses Wesen wie ein Hund aussieht, könnte ich glatt denken, er sei eine Robbe, die sich an Land verirrt hat", lachte Robert.

„Ja, du hast Recht. Ich habe noch nie einen Hund gesehen, der so begeistert in den Wellen herumschwimmt und dem das salzige Meerwasser überhaupt nichts ausmacht. Vielleicht handelt es sich um eine spezielle Rasse, die es nur hier auf Maui gibt und die sich an diese Gegend angepasst hat."

Noch ehe wir weiter über die Eigenheiten dieses Vierbeiners philosophieren konnten, hatten wir den Strandabschnitt erreicht, der als Mekka der Wellenreiter und Windsurfer gilt und Besucher aus aller Herren Länder anzieht. Spreckelsville heißt der weltberühmte Surferstrand und es stellte sich heraus, dass dieser Strandabschnitt so etwas wie die zweite Heimat, Hundekita und Abenteuerspielplatz für diesen Hund war. Die Einheimischen kannten ihn alle und begrüßten ihn freundlich. Das triefend nasse und vor Energie sprühende Fellknäuel höre auf den Namen Ipo und lebe in direkter Nachbarschaft zu unserem Urlaubsdomizil, klärten sie uns auf. Meine Sorge, Ipo könnte heimatlos sein und müsse sich als Streuner durchschlagen, erwies sich als unbegründet. Sein stark muffelndes Fell hätte diesen Schluss durchaus zugelassen. Ich hatte schon kurz überlegt, ob ich Ipo in unserer Suite als Untermieter einquartieren sollte. Es wäre nicht sonderlich aufgefallen, wenn sich zwischen Kakerlaken und Spinnen auch noch ein paar Flöhe einquartiert hätten. In unserem maroden Holzhaus schlossen weder Fenster noch Türen und deshalb fand so manches Ungeziefer darin Unterschlupf und fühlte sich pudelwohl. Auf ein paar Untermieter mehr oder weniger wäre es in dem Kleintierzoo wirklich nicht angekommen. Allein Ipo hätte mit seiner Größe und einem vermuteten Köpergewicht von fünfunddreißig Kilogramm den Rahmen wohl etwas gesprengt. Die Tatsache, dass er eine Familie hatte, die sich um ihn kümmerte, machte mein Vorhaben sowieso hinfällig. Selbst dann, wenn dieser treue Vierbeiner meiner Meinung nach mehr Aufmerksamkeit und Zuwendung gebraucht hätte. Warum sonst suchte er am Strand die Gesellschaft fremder Menschen? Wohl doch nur, weil er sie zu Hause nicht bekam. Diese Gedanken wollte ich Robert nicht mitteilen. Ich kannte seine Antwort nur zu gut. Mische dich nicht in die Angelegenheiten anderer Menschen, hätte er sicherlich gesagt und natürlich hätte er Recht gehabt.

Nicht nur Ipos Pflegezustand, auch seine Anstandsregeln ließen sehr zu wünschen übrig. Ständig legte er

Stöcke vor meine Füße und bellte so lange, bis ich sie ins Wasser warf, damit er sie zu mir zurückbringen konnte. Verschnaufpausen kannte er nicht und wenn er sich doch einmal am Strand niederließ, buddelte er eifrig tiefe Krater in den Sand, um sich anschließend genüsslich darin zu wälzen und sich dann sandpaniert auf mein Strandtuch zu kuscheln oder sich genussvoll neben mir zu schütteln. Ipo liebte es, mit den Surfern in den Wellen zu schwimmen. Er hatte nur Spiel und Spaß im Kopf. Das Erlernen der Kommandos „Sitz", „Platz" und „Fuß" hätte diese vierbeinige Wasserratte vermutlich in keine großen Begeisterungsstürme versetzt. Selbst dann nicht, wenn das Befolgen der Kommandos mit Hundekeksen oder anderen Leckereien belohnt würde. Ipo machte sich nichts aus Leckerlis. Was für viele Hunde scheinbar überlebenswichtig ist, spielte für ihn keine Rolle. Für ihn war es viel interessanter das Meer zu lesen und die Herzen der Menschen zu erobern, die er täglich auf seinen Strandspaziergängen kennenlernte. Warum sollen wir nicht die Gesellschaft dieses lebensfrohen Vierbeiners genießen?, dachte ich. Ich hatte ja keine Ahnung, wie unsterblich ich mich in diese Pelznase verlieben würde und wie sehr ich eines Tages darunter leiden würde, wenn wir wieder nach Deutschland zurückkehrten.

Ipo wartete nun jeden Morgen vor unserer Türe. Die gemeinsamen Strandspaziergänge entwickelten sich zu einem Ritual. Abends vor dem Einschlafen freute ich mich bereits darauf, zur Begrüßung meine Nase in Ipos dichtes Fell zu stecken und ihm über den Kopf zu streicheln. „Na, Ipo. Wie geht es dir?", fragte ich ihn jedes Mal. Er blickte mich an und ich hatte das Gefühl, als wolle er sagen. „Jetzt wo ich wieder bei dir bin, geht es mir gut."

Wir hatten uns viel vorgenommen für die Zeit auf Maui. Wir wollten alle Sehenswürdigkeiten besichtigen und viele Ausflüge unternehmen. Wir hatten nicht geplant, unsere Urlaubstage mit einem fremden Hund am Strand zu verbringen. Aber genau das taten wir. Manchmal brachten wir Ipo früher als üblich nach Hause zurück, um etwas anderes zu unternehmen oder Einkäufe zu erledigen. Mit einem tiefen Seufzer ließ er sich auf der Holzveranda nieder. Es brach mir fast das Herz, ihn so liegen zu sehen. Dabei war er doch bestens versorgt, wenn seine Familie abends von der Arbeit heimkehrte.

Ich fragte mich immer öfter, ob es auch zwischen Hund und Mensch so etwas wie Liebe auf den ersten Blick gibt. Bei Robert und mir habe ich dieses Gefühl das erste Mal kennengelernt. Wir hatten uns während des Studiums auf einem Semesterfest getroffen und der Funke war sofort übergesprungen. Ich hatte Schmetterlinge im Bauch, wenn ich seine Stimme hörte oder wenn sich unsere Blicke trafen. Sollte es so ein Gefühl etwa auch zwischen einem Vierbeiner und einem Menschen geben? Oder war es der magische Zauber dieser Insel, der mich öffnete für die Freundschaft zu diesem vierbeinigen Wesen?

Bisher hatte ich gedacht, der „Aloha Spirit" sei so etwas wie ein Werbeslogan für ein Südseeparadies, der die Menschen und die Landschaft auf Hawaii beschreibt. Jetzt, während unseres Aufenthalts lernte ich diesen Aloha Spirit als Lebenseinstellung kennen. Der Respekt voreinander und der liebevolle Umgang miteinander, die Liebe zum Meer und die Dankbarkeit für alles was wächst und gedeiht, diese Philosophie spürt man auf Hawaii immer und überall. Die Menschen sind entspannt, stressen lässt sich hier so schnell niemand. Auch Ipos Charme, seine Freundlichkeit, seine überschäumende Lebensfreude und seine unbekümmerte, spielerische Art empfand ich so, als wäre er von diesem Aloha Spirit durchdrungen. Ja, Ipo war Aloha auf vier Pfoten und er hat sofort den Schlüssel gefunden, mit dem er mein Herz öffnete.

Eines Morgens wachte ich auf und hatte den innigen Wunsch, mehr über diese Hunderasse zu erfahren. Bis dahin hatte ich sie in Europa noch nicht gesehen – und das, obwohl ich mein Herz schon als junges Mädchen an Hunde verloren hatte. Als Kind hatte ich meinem Vater ständig in den Ohren gelegen mit meinem Wunsch nach einem eigenen Hund. Ein kleiner Silberpudel, den ich Nicki getauft hatte, war mein erster ständiger Begleiter gewesen. Auf ihn war ein Boxerrüde namens Marc gefolgt, den ich über eine Anzeige in der Zeitung gefunden hatte. Jedes Wochenende hatte ich die Züchter studiert, die inserierten und ihre Welpen zum Verkauf anboten. Ich hatte keine Ruhe gegeben, ehe nicht die ganze Familie im Auto gesessen hatte, um den Wurf anzusehen. Und es war klar gewesen, dass einer dieser Welpen bald bei uns zu Hause einziehen würde. Ich hatte großartige Eltern. Sie hatten mir den Wunsch nach einem Vierbeiner erfüllt, obwohl sie gewusst hatten, dass die gesamte Verantwortung für die Erziehung und Pflege letztendlich doch an ihnen hängen bleiben würde.

Als ich mein Elternhaus für das Studium verlassen und anschließend meine berufliche Laufbahn begonnen hatte, war kein Platz für einen Hund in meinem Leben. Und auch für Robert und mich hatte sich die Frage nach einem Haustier zu keiner Zeit gestellt. Wir waren jetzt seit gut zwei Jahren ein Paar. Wir waren jung. Wir waren erfolgreich. Wir wollten die Karriereleiter weiter nach oben klettern. Wir hatten lange Arbeitszeiten und waren viel auf Geschäftsreisen rund um die Welt. Wir waren Abenteurer, frei und ungebunden, spontan und unternehmungslustig. Mit geringem Budget, Auto und Zelt bereisten wir in unserer Freizeit ganz Südeuropa. Die Anschaffung eines Vierbeiners stand zu keiner Zeit im Raum und hätte auch überhaupt nicht zu unserem Leben gepasst. Und doch stimmte Robert sofort zu, als ich ihm den Vorschlag machte, in einer Buchhandlung nach Literatur zu stöbern, um mehr über Ipos Rassestandard zu erfahren. Heute googelt man dafür kurz im Internet. Damals diente noch das gedruckte Buch als beste Informationsquelle. Wir fuhren gleich nach dem Frühstück los und fanden schnell ein Geschäft mit einer großen Auswahl an rassespezifischer Hundeliteratur. Vom Afghanen bis zum Zwergpinscher war alles dabei. Wir hatten keine Ahnung, um welche Rasse es sich bei Ipo handelte. In der Hoffnung auf einem Buchcover einen ähnlich aussehenden Hund zu finden, schweiften unsere Blicke über das Buchangebot.

„Hier, sieh' mal." Robert zog ein Buch aus dem Regal. Auf der Vorderseite war ein stattlicher Hund abgebildet. Das wuschlige Fell glich dem Ipos. Der gesamte Ausdruck schien ähnlich. Allerdings war das Fell bei genauerem Hinsehen viel heller und der Körperbau viel kräftiger. Ich blätterte darin und begann laut vorzulesen: „Der Maremmen-Abruzzen-Schäferhund ist ein Herdenschutzhund, der vornehmlich für die Bewachung von Schafherden eingesetzt wird. Er nimmt seine eigentliche Aufgabe sehr ernst. Wird dieser Hund als Familienhund gehalten, sieht er sich als Beschützer aller Familienmitglieder, die er Fremden gegenüber auch verteidigt." Ich sah auf und blickte Robert fragend an.

„Einen besonderen Wachinstinkt konnte ich bei Ipo nicht entdecken. Ich habe eher das Gefühl, dass Ipo einem Fremden seinen Ball vor die Füße wirft und ihn zum Spiel auffordert statt Haus und Hof zu beschützen", meinte er. „Allerdings hatte ich nie einen eigenen Hund und kann das vielleicht nicht so gut beurteilen. Aber auf einen Vierbeiner, der wie Ipo freundlich auf jeden Menschen zugeht, scheint diese Rassenbeschreibung nicht zu passen."

Ich legte das Buch zurück in das Regal, denn auch die weitere Beschreibung ließ mich daran zweifeln, dass Ipo tatsächlich ein Maremmen-Abruzzen-Hund sein sollte. Diese Rasse sei gelehrig. Sie arbeite allerdings selbständig, ohne Anweisungen des Menschen zu benötigen. Ipo schien die Menschen dringend zu brauchen. Warum sonst würde er die Nachmittage lieber mit uns und den Surfern am Strand verbringen, als zu Hause auf der Terrasse zu liegen und das Haus zu bewachen?

Wir stöberten weiter und wurden fündig: „Ich hab's!", rief ich. „Das ist die Rasse, nach der wir suchen. Ipo ist ein Golden Retriever." Robert überflog den Text auf dem Buchrücken und begutachtete das Buchcover mit der Abbildung des Golden Retrievers. Er nickte zustimmend: „Ja, das passt zu hundert Prozent." Wir kauften das Buch und verließen die Buchhandlung. In einem nahegelegenen Café bestellten wir Bagels und Cappuccino und vertieften uns sofort in die Lektüre.

Abwechselnd lasen wir die uns am wichtigsten erscheinenden Passagen vor. Wichtig im Hinblick auf was?, frage ich mich heute. Wir hatten doch überhaupt nicht vor, einen Hund in unser Leben in Deutschland aufzunehmen. Unser Herz hatte sich zu diesem Zeitpunkt schon für einen Golden Retriever entschieden, aber der Verstand konnte die Idee vom eigenen Hund erfolgreich torpedieren. In dem schlauen Buch würden wir sicherlich jede Menge Informationen und triftige Gründe finden, damit unser Verstand weiterhin die Oberhand behalten konnte.

„Der Golden Retriever ist ein Jagdhund. Er wurde zur Arbeit nach dem Schuss gezüchtet, um geschossenes Federwild zu apportieren. Ursprünglich stammt er aus England, gewann aber auch in den USA schnell an Popularität. Golden Retriever sind wasserbegeistert und schwimmen liebend gerne bei jedem Wetter, zu jeder Jahreszeit. Sie sind lernbegierig, intelligent und äußerst anpassungsfähig."

Robert nahm das Buch an sich und las schnell weiter. Ich konnte nur noch einige, wenige Wortfetzen auffangen: Bewegungsfreudig, leichtführig, idealer Familienhund, am Menschen orientiert.

Er legte das Buch zur Seite und wandte sich mir zu: „Hast du in Europa wirklich noch nie einen solchen Hund gesehen?"

„Nein", antwortete ich. „Habe ich nicht. Obwohl ich in letzter Zeit auch wenig Hundekontakte hatte." Unsere Freunde waren alle in einer ähnlichen Situation wie wir, nämlich am Beginn ihrer Berufskarriere. Familie, Kinder, Hund und eigenes Heim, davon waren alle noch Lichtjahre entfernt. „Bekanntlich beschäftigt man sich immer dann erst intensiver mit etwas, wenn es irgendwie für die Lebenszielsetzung aktuell wird", überlegte ich.

„Warum beschäftigen wir uns dann mit einem Rassebuch über Golden Retriever?", antwortete Robert und sah mich fragend an.

„Ich weiß es nicht!", lachte ich. „Komm' lass uns zu Ipo an den Strand gehen."

Als wir an unserem Urlaubsdomizil ankamen, saß Ipo bereits auf der Veranda vor der Terrassentür und sah neugierig hinein. Er schien auszuloten, ob wir zu Hause waren. Robert parkte das Auto und noch ehe er den Motor abgestellt hatte, sprang ich aus dem Wagen. „Hallo, Ipo", rief ich und lief freudig auf ihn zu. Ipo sprang in einem Satz von der Veranda und schoss wie ein Pfeil auf mich zu. Von der Schwanzspitze bis zum Kopf wedelte der ganze Körper. Er war so voller Wiedersehensfreude und er zeigte das mit jeder Faser seines Körpers. Bis heute stelle ich fest, dass dieser freudige Ausdruck vom Kopf bis zum Schwanz ganz typisch ist für einen Golden Retriever. Egal wo man einen Goldie trifft, gleich mit was er sich gerade beschäftigt. Es genügt ihn anzusprechen: „Wer bist du denn? Was bist du denn für ein hübscher Hund?" Jeder Vierbeiner, der zumindest die Hälfte seiner Gene mit dem Golden Gen besetzt hat, wird alles liegen und stehen lassen und sich voll und ganz dem Menschen zuwenden, der ihn gerade angesprochen hat. Dabei wippt der ganze Körper vor Freude.

Wir hatten unsere Wiedersehenszeremonie gerade beendet, als Robert auf uns zukam. „Na, ihr beiden. Ihr habt euch wohl eine Ewigkeit nicht mehr gesehen." Er beugte sich zu uns herab, nahm uns in seine Arme und es schien so, als wären wir seit Jahren ein unzertrennliches Dreierteam, das immer für einander da ist, egal was passiert.

Die Tage vergingen wie im Flug und unser Urlaub neigte sich dem Ende zu. Wir waren gekommen, um eine wundervolle Insel zu entdecken und unbeschwerte Tage beim Surfen zu verbringen. In den Wintermonaten war Maui bekannt für seine außergewöhnlich guten Bedingungen zum Wellensurfen. Um diese Jahreszeit entwickeln sich im Nordpazifik Winterstürme, die eine extreme Meeresdünung erzeugen. Diese bewegt sich tausende von Kilometer über das Meer, ehe sie an der Nordküste Mauis ankommt und auf die unter der Wasseroberfläche liegenden Fels- und Korallenriffe auftrifft. Es war bereits Anfang März und die Zeit der Monsterwellen neigte sich zu Ende. Bald würden die fast täglich einfallen Nord/Ostwinde lediglich für Abkühlung und Windsurfmöglichkeit im Flachwasser sorgen. Und genau so, wie die Zeit der Wellen für dieses Jahr zu Ende ging, neigte sich auch unser Urlaub dem Ende zu. Als Windsurfanfängerin verbrachte ich meine Zeit am Strand, wenn die Wellen für mich zu hoch und die Brandung zu gefährlich waren. Ipo war immer an meiner Seite. Wir spielten im Sand und schwammen im Meer. Wir legten uns nieder und ließen uns von der Sonne trocknen. Ich war nicht traurig, dass ich an manchen Tagen pausieren musste, denn Ipo schenkte mir seine Freundschaft und für mich war dies tausendmal schöner, als die größte Welle zu reiten. Am Abend vor unserem Abflug wurde Robert ganz still. Während ich die Koffer packte, bemerkte ich, wie ihm die Tränen über das Gesicht liefen. „Er wird mir fehlen", murmelte er. „Ich werde ihn auch vermissen", sagte ich und begann jämmerlich zu heulen. Am liebsten hätten wir Ipo nach Deutschland mitgenommen. Aber wir wussten, dass er auf Maui eine treu sorgende Familie hatte. Selbst wenn sich diese von ihm getrennt hätten, wäre es nicht möglich gewesen, Ipo nach Deutschland zu transportieren. Hunde in Ipos Größe werden in einer Transportbox wie ein Gepäckstück befördert und auch unser Rückflug glänzte mit mehrmaligen Umsteigen und einer Flugzeit von mehr als zwei Tagen. Bei der Einreise nach und bei der Ausreise von Hawaii gelten zudem strenge Regelungen. Zusätzlich wird eine dreimonatige Quarantänezeit auferlegt. Ipo von den Menschen zu isolieren, die er liebte, das hätte ihm ziemlich zugesetzt. Außerdem hatten wir beide in Deutschland Arbeitsverträge unterschrieben. Zwei Tage nach unserer Rückkehr warteten neue berufliche Aufgaben auf uns. Hätten wir unsere neuen Arbeitgeber anrufen sollen und ihnen mitteilen: „Tut mir leid Herr XY. Ich kann meine Arbeitsstelle leider nicht antreten. Ich bin auf den Hund gekommen und dem gilt jetzt meine gesamte Aufmerksamkeit." Wir konnten es drehen und wenden, wie wir wollten. Das Ergebnis blieb immer dasselbe. Wir würden uns morgen von Ipo verabschieden und unseren Flug zurück nach Deutschland antreten müssen. Unsere Wege würden sich wieder trennen und nur die Erinnerung an unvergessliche Momente würde bleiben.

Am nächsten Tag nahmen wir Ipo ein letztes Mal in unsere Arme. Unsere Tränen gruben sich in sein weiches Fell. Als er in unsere traurigen, verweinten Augen blickte, verlor er seinen freudigen Gesichtsausdruck und ein trauriger Schleier legte sich über seine Augen. „Wir kommen wieder", hörte ich Robert sagen. „Ich verspreche es hoch und heilig. Nächstes Jahr kommen wir dich wieder besuchen." Wir hatten nie darüber gesprochen, dass wir wieder zurückkehren würden. Es fühlte sich so gut an, als Robert das sagte. Ich wusste, es war die richtige Entscheidung. Wir mussten los und Ipo ließ uns ziehen. Wir entfernten uns immer weiter voneinander. Als ich ein letztes Mal zurückblickte, sah ich Ipo noch als kleinen Punkt am Strand. Er schien sich nicht bewegt zu haben und zum ersten Mal wusste ich, wie es sich anfühlt, wenn einem beinahe das Herz bricht.

Wir verabschiedeten uns von unseren Vermietern und fuhren zum Flughafen. Robert lieferte unsere Minikarosse beim Autovermieter ab. Wir checkten das Gepäck ein und warteten, bis unser Flug aufgerufen wurde. Wir atmeten ein letztes Mal diese milde, nach Blüten duftende Luft ein und spürten den angenehmen Passatwind in den Haaren. Wir wechselten kein Wort und hielten uns nur an den Händen. Als wir im Flugzeug auf unseren Plätzen saßen, nahmen wir uns in die Arme.

„Wir kommen nächstes Jahr wieder nach Maui. Ich verspreche es", sagte Robert.

„Ich weiß und ich freue mich jetzt schon darauf", erwiderte ich erleichtert.

Ehe wir uns umsahen, waren wir wieder in Deutschland. Die zwei Tage bis zum Arbeitsbeginn vergingen wie im Flug. Zwölf Stunden Zeitverschiebung setzten uns zu. Doch der Alltag kehrte schnell wieder ein. Die Zeit auf Maui war Geschichte. Nur die Fotos am Nachttisch erinnerten an diese besondere Zeit und diesen besonderen Hund Ipo.

Unliebsames Urlaubssouvenir

Der Start in eine neue berufliche Zukunft erleichterte uns die Aufgabe, von Ipo gedanklich loszulassen. In der ersten Arbeitswoche hatte Robert ein Arbeitsessen mit seinem Vorgesetzten. „Der wird sich wohl gedacht haben, er hat eine schöne Schlaftablette eingestellt", erzählte er mir lauthals lachend am Abend. „Er trug es mit Fassung, als ich ihn aufklärte, dass ich noch auf Maui Rhythmus laufe und es dort ein Uhr nachts ist, wenn wir in Deutschland dreizehn Uhr haben." Robert konnte ihm sowieso nicht verheimlichen, dass er gerade von einer längeren Reise am Meer zurückgekommen war. Seine blonden Haare waren von Wind und Sonne ausgebleicht und schneeweiß. Auch wenn er sich vor Arbeitsbeginn von der langen Lockenpracht getrennt hatte und nun einen Kurzhaarschnitt trug, verriet ihn immer noch sein braungebranntes Gesicht, das er unmöglich im winterlichen Deutschland bekommen haben konnte. Roberts Vorgesetzter nahm die Sache locker, denn er wusste, dass hinter dem Beachboy bald wieder der agile und sehr erfolgsorientierte Manager hervorkommen würde, den er schließlich eingestellt hatte. Dass er kurz darauf einen Anruf bekommen würde, dass Robert auf der Isolierstation eines Münchener Krankenhauses liege, ahnte zu diesem Zeitpunkt niemand.

Am Ende der ersten Arbeitswoche bekam Robert in der Nacht plötzlich sehr hohes Fieber. Die Messung ergab eine Temperatur von vierzig Grad Celsius. Er war so schlapp, dass er sich kaum bewegen konnte. Ich hatte panische Angst und wusste mir nicht anders zu helfen, als ihn in die Notaufnahme ins nächstgelegene Krankenhaus zu bringen.

Der diensthabende Arzt löcherte mich. „Seit wann hat Ihr Freund diese Fieberschübe? Welche Medikamente hat er eingenommen? ...... Was, Sie wie waren in den Tropen?" Jetzt ging alles ganz schnell. „Sofort in Quarantäne.", ordnete er der Krankenschwester an. „Es besteht Verdacht auf Malaria oder eine ansteckende Tropenkrankheit. Wir müssen erst einmal durch Tests herausbekommen, welcher Erreger da am Werk ist. Bis dahin möchte ich kein Risiko eingehen und verhindern, dass sich andere Patienten anstecken."

Robert war so geschafft, dass er sich nicht äußern konnte. Ich war vollkommen aufgelöst und vergaß zu sagen, dass wir auf Maui/Hawaii gewesen waren. In dieser Region gibt es keine ansteckenden Tropenkrankheiten. Vermutlich hätte mir der Arzt auch gar nicht zugehört. Er hatte nur „Tropen" gehört und schon das ganze Programm ablaufen lassen. Im Grunde kann ich seine Reaktion nachvollziehen. Als Erstes brauchte er eine klare Diagnose, um anschließend die richtigen Schritte einleiten zu können. Vielleicht herrschte auf Maui ja tatsächlich ein ansteckendes Tropenfieber, von dem wir nicht wussten? Mir blieb nichts anderes übrig, als nach Hause zu fahren und für Roberts Krankenhausaufenthalt einige Sachen zusammenzupacken. Ich wollte sie ihm am nächsten Morgen vorbeibringen. In der Nacht machte ich aus Sorge um ihn kein Auge zu. Ich malte mir das Schlimmste aus und stand bereits eine Stunde vor Beginn der Besuchszeit wieder am Eingang des Krankenhauses.

Es war Samstagmorgen, Robert lag isoliert in einem Einzelzimmer und ich durfte nicht zu ihm. Wir konnten uns lediglich über ein Telefon austauschen und Blickkontakt durch eine Glasscheibe in der Türe halten. „Mir geht es schon viel besser. Die Ärzte haben mir ein fiebersenkendes Mittel verabreicht und warten jetzt auf die Ergebnisse der Blutuntersuchungen." Fürs erste war ich beruhigt, denn Robert sah viel besser aus. „Ich versuche ständig die Ärzte darauf hinzuweisen, dass ich mir am Tag vor unserer Abreise den Finger an einer Koralle im Wasser aufgeschnitten habe und dass die kleine Wunde unter dem Fingernagel bereits auf dem Rückflug zu eitern begann. Aber sie hören mir nicht zu." Ich erinnerte mich, dass Robert ein letztes Mal mit Ipo in den Wellen geschwommen war. Es war Ebbe gewesen und über dem Riff hatte sich nur wenig Wasser befunden. Robert hatte sich an einer Koralle verletzt und vergessen, die Wunde zu desinfizieren. Während des Rückflugs hatte er spaßeshalber immer auf den Nagel gedrückt, um mir zu zeigen, wie dann der Eiter hervorkam.

„Ich kümmere mich darum", versprach ich. „Ich werde mit den Ärzten reden."

Ich bat die diensthabende Krankenschwester um ein Gespräch mit dem behandelnden Arzt. „Hm, das erklärt einiges, denn die Blutuntersuchungen haben ergeben, dass keine Tropenkrankheit vorliegt. Vermutlich hat sich Ihr Freund eine Infektion durch Streptokokken zugezogen. Das sind Bakterien, die im warmen Tropenwasser vorhanden sind und auch bei kleinsten Verletzungen schwere Infektionen hervorrufen können."

„Ja", antwortete ich. „Die Windsurfer auf Maui haben uns eingebläut, jede noch so kleine Verletzung am Abend immer gut zu desinfizieren. Mein Mann hat das sicher am letzten Tag vergessen und so konnten sich die Bakterien ausbreiten und die heftige Infektion verursachen."

„Warten Sie, ich komme gleich wieder", rief er und war schon unterwegs zu Robert.

Schnell klärte sich auf, dass es tatsächlich so war, wie wir vermutet hatten. Einen Tag wollten sie Robert allerdings noch zur Beobachtung im Krankenhaus behalten. Ich war überglücklich und versprach, ihn am nächsten Morgen gleich abzuholen, sobald er mich anrief und sie ihn entlassen würden. Sein Anruf kam bereits um acht Uhr morgens. „Ich komme und hole dich ab." Das Krankenhaus war nur fünf Autominuten von uns entfernt. Ich fuhr sofort los und als ich in die Einfahrt zum Krankenhaus einbog, stand Robert schon mit Sack und Pack vor mir.

Zu Hause angekommen, schnauften wir erst einmal tief durch. Der Schreck war verflogen und Robert war schon wieder zu Scherzen aufgelegt. „Aus einem kleinen Schnitt wird eine große Tragödie. Wer hätte so etwas gedacht?" Kaum hatte er den Satz zu Ende gesprochen, sahen wir uns an und begannen zeitgleich zu sprechen. „Hoffentlich hat sich Ipo nicht verletzt und infiziert!"

Robert versuchte mich zu beruhigen. „Ipo lebt seit einigen Jahren auf Maui und schwimmt im Meer. Da wird der eine oder andere Schnitt nicht ausgeblieben sein. Ich bin sicher, seine Hundehalter wissen sehr gut damit umzugehen und wenn nötig, werden sie sicherlich einen Tierarzt aufsuchen, der Ipo behandelt."

Der Schrecken der letzten Tage saß mir noch im Genick. Mir wurde übel. „Was, wenn es ihnen dann so geht, wie es uns gerade passierte?"

„Wer auf Maui lebt, der weiß Bescheid und wird entsprechend handeln. Glaub' mir. Ipo geht es sicherlich gut."

„Du hast Recht. Uns haben sie ja auch sofort darauf hingewiesen, jede noch so kleine Schnittwunde sorgfältig zu desinfizieren. Ich bin sicher, dass Ipos Familie darauf achtet, wenn sie irgendwelche Symptome bei ihm feststellen würden, gingen sie sicherlich gleich mit ihm zum Tierarzt. Vielleicht hat er aber auch so ein dickes Fell und ein so gutes Immunsystem, dass ihm diese blöden Bakterien nichts anhaben können."

„Da bin ich mir ganz sicher", erwiderte Robert und legte sich auf die Couch, um sich ein wenig auszuruhen.

Blitzkarriere oder Herzensweg

Nach dem Studium hatten wir uns die ersten Sporen in unseren Jobs verdient, und mit dem jetzigen Stellenwechsel wollten wir Zug um Zug weiter die Karriereleiter nach oben klettern. Wie alles im Leben so hatte auch die Erreichung dieses Ziels seinen Preis. Unser Alltag bestand aus Arbeit, Arbeit und noch mehr Arbeit. Von früh morgens bis spät abends saßen wir in Besprechungen, waren auf dem Weg zu unseren Kunden oder hatten Telefonkonferenzen mit den Tochtergesellschaften im Ausland. Im Winter ging ich bei Dunkelheit aus dem Haus und kehrte bei Dunkelheit wieder zurück. So verlief Tag um Tag, Monat um Monat. Wäre ich am Wochenende nicht draußen in der Natur unterwegs gewesen, hätte ich im gleichbleibend klimatisierten Büro vermutlich nur anhand des Kalenders sagen können, welche Jahreszeit gerade war. Nach dem Studium hatte ich mir nichts sehnlicher gewünscht, als in einer Werbeagentur zu arbeiten. Ich hatte meine Chance in einer kleinen, auf Essen und Trinken spezialisierten Agentur bekommen. Trotz Mobbing durch die etablierten Platzhirsche war ich schnell zur Kundenbetreuerin für große Etats aufgestiegen. Allerdings hatte ich meinen Arbeitstag um 7:30 Uhr beginnen müssen und frühestens um 21:00 Uhr beenden können. Wenn ich mir am Freitag einmal erlaubt hatte, um 17:00 Uhr nach

Hause zu gehen, waren die Worte gefallen: „Schönes Wochenende, hast du dir heute Nachmittag etwa frei genommen?" in einem Atemzug. Mit dem Jobwechsel zu einem amerikanischen Großkonzern waren die Arbeitszeiten humaner geworden, doch die für mich zu erreichenden Ziele waren hoch gesteckt.

Ich kämpfte mich durch und schaffte innerhalb eines Jahres den Aufstieg vom Junior Produktmanager zum Produktmanager. Ich hatte Karriereluft geschnuppert und wollte weiter nach oben. Allerdings waren die Posten weiter oben auf der Karriereleiter dünn gesät. Die Damen, die diese inne hatten, würden ihren Platz nicht so schnell räumen, schwante mir. Und irgendwie hatte ich immer öfter das Gefühl, dass ich den Preis für die nächste Karrierestufe auch nicht mehr bereit war zu zahlen. Statt mit Robert war ich mit meinem Job verheiratet. Ich nahm mir fest vor, in nächster Zeit mit Robert darüber zu sprechen.

Als Großkundenbetreuer für einen der innovativsten amerikanischen Konzerne in der IT-Industrie ging es Robert ähnlich wie mir. Er war äußerst erfolgreich und arbeitete hart. Er war viel auf Geschäftsreisen oder zu Fortbildungen in den USA und in Europa. Auch er stürmte die Karriereleiter im Sauseschritt nach oben. Er war hochmotiviert, bis zu dem Zeitpunkt, als ihn sein Vorgesetzter zur Seite nahm und ihm erklärte, dass er für den nächsten Karriereschritt noch viel zu jung sei. Jetzt müsse er erst einmal zehn Jahre warten, ehe er weiter aufsteigen konnte. Es ginge ja nicht an, dass er um so viel jünger sei, als seine Partner auf der Kundenseite. Als wir irgendwann nur noch über Post-it-Zettelchen miteinander kommunizierten, die wir dem anderen in unserer gemeinsamen Wohnung hinterließen, wussten wir, es war höchste Zeit, etwas in unserem Leben zu ändern. Wir planten eine Reise ans Mittelmeer, um uns in Ruhe zu überlegen, was wir aus unserem Leben machen wollten und vor allem wie wir leben wollten.

Auf unserer Reise kam uns die Zeit mit Ipo auf Maui wieder in den Sinn. Wir erinnerten uns an die Strandspaziergänge mit ihm und wie glücklich wir gewesen waren in unserer verschrobenen Honeymoon Suite und mit Ipo als vierbeinigem Reisebegleiter. Drei Jahre waren seit unserer Hawaii Reise vergangen.

„Haben wir nicht versprochen, wieder zurückzukehren? Glaubst du, Ipo lebt überhaupt noch?", fragte ich Robert.

„Ich weiß nicht, aber er war jung, als wir ihn kennenlernten. Ich denke, er zieht immer noch seine Kreise am Strand von Spreckelsville."

Ich träumte laut: „Ich würde gerne wieder eine Reise nach Maui mit dir machen."

„Ich auch", erwiderte Robert. „Aber vier Wochen Urlaub sind in unseren Positionen undenkbar und für zwei Wochen von Deutschland nach Hawaii zu gehen ... das ist einfach zu weit."

„Ich weiß, aber du hast in letzter Zeit sowieso immer wieder davon gesprochen, dass du selbständig sein und deine eigenen Wege gehen willst. Vielleicht ist eine Reise nach Maui wieder der erste Schritt auf einem neuen Weg. So wie sie auch vor drei Jahren den Beginn eines neuen Lebensabschnitts einläutete."

Es kam, wie es kommen musste. Wir beschlossen, unsere Jobs zu kündigen und auf Weltreise zu gehen. Nur mit Rucksack und einem „Round a world ticket" wollten wir unsere Abenteurerseele wieder aufblühen lassen. Maui sollte die Endstation auf dieser Reise sein und wir planten für unseren Aufenthalt mindestens vier Wochen ein. Nach unserer Rückkehr würden wir das Unternehmen meiner Eltern übernehmen und aufs Land ziehen, um dort ein neues Leben zu beginnen. Mein Vater war plötzlich und unerwartet verstorben. Der Schock war groß und wir vermissten ihn so sehr. Gemeinsam mit meiner Mutter hatte er ein tolles Familienunternehmen aufgebaut und meine Mutter wünschte sich nichts sehnlicher, als dass ein Familienmitglied in die Fußstapfen meines Vaters treten würde. Nicht nur, dass wir beruflich unsere eigenen Wege gehen wollten – auch die Tatsache, dass unser alteingesessenes Familienunternehmen erfolgreich weiter bestehen sollte, bestärkte uns darin, den Schritt in eine neue berufliche Zukunft zu wagen. Zurück in Deutschland wurde der Familienrat einberufen. Wir waren uns einig und schon kurz darauf packten Robert und ich unsere sieben Sachen, um über Thailand, Malaysia, Singapur, Hongkong und Japan heimzukehren ins Paradies. Und so landeten wir vier Monate später wieder auf Maui/Hawaii.

Unsere damalige Unterkunft war längst verkauft und wurde von einer amerikanischen Familie als Ferienwohnsitz genutzt. Ohne zu wissen, ob Ipo noch lebte, stand für uns fest, dass wir wieder am gleichen Strandabschnitt wohnen wollten wie bei unserem ersten Besuch. Wir erinnerten uns an eine besonders luxuriöse Appartementanlage, in der damals schon einige Wohnungen an Urlauber vermietet worden waren. Gleich nach der Landung fuhren wir hin, um uns mit der Maklerin zu treffen, die sich im Sinne der Eigentümer um die Vermietung kümmerte. Sie war eine sehr sympathische Frau und irgendwie müssen wir ihr Herz gewonnen haben, als wir in unseren ausgebeulten Traveller Hosen vor ihr standen.

„Na, ich bin nicht sicher, ob ihr euch diese Wohnung leisten könnt?", sagte sie geradewegs heraus.

„Ja, das wissen wir auch nicht", erwiderten wir. Die Appartements waren jeweils für sechs Personen gedacht und wir waren ja nur zu zweit.

„Ich werde sehen, was ich machen kann. Wartet hier!", rief sie und war schon unterwegs, um mit den Eigentümern zu telefonieren. Kurz darauf kam sie zurück: „Wir haben absolute Nebensaison und ich kann euch die Wohnung für 70 Dollar am Tag anbieten. Allerdings dürft ihr keine Untermieter aufnehmen."

Obwohl siebzig Dollar Tagesgage unser Budget sprengten, sagten wir spontan zu. Wir waren überglücklich. Wir holten unsere Rucksäcke aus dem Auto, stellten sie im

Appartement ab und liefen sofort an den Strand, um nach Ipo Ausschau zu halten.

Im Eilschritt sausten wir den Strand entlang und riefen nach ihm. Es war bereits später Nachmittag und ein windloser Tag, weshalb sich nur wenige Windsurfer unter den Strandgästen befanden. Das Meer lag erstaunlich ruhig. In den letzten drei Jahren hatte sich wenig verändert. Am Strand von Spreckelsville lag sogar noch ein großer Baumstamm, den die Flut einst angeschwemmt hatte.

„Ich kann Ipo nicht entdecken."

„Ich auch nicht", erwiderte Robert.

„Falls wir ihn am Strand nicht finden, können wir zu dem Haus gehen, in dem Ipo damals gewohnt hat. Vielleicht kann man uns dort weiterhelfen."

Ich hatte den Satz gerade zu Ende gesprochen, als ich das unverwechselbar freudige Bellen von Ipo vernahm.

„Hörst du das?"

„Ja, ich bin sicher. Das ist Ipo."

Hätte mir jemand gesagt, dass man einen Hund an seinem Bellen auch nach drei Jahren wiedererkennt, ich hätte ihn für verrückt erklärt. Aber es war so. Ipo war immer noch da. Ob er uns wohl wiedererkennen würde?

Wir liefen in die Richtung, aus der die Laute kamen und tatsächlich tauchte hinter einer kleinen Bucht Ipo auf. Er spielte dort mit ein paar Kindern, die gerade im Begriff waren aufzubrechen und sich von ihm mit einem Streichler verabschiedeten.

„Ipo!", rief ich aufgeregt und rannte auf ihn zu. Ipo sah kurz auf und als er wusste, woher die Stimme kam, die ihn rief, lief er in meine Richtung.

Er war nicht mehr so schnell, wie damals und als er vor mir stand, sah ich Altersspuren in seinem Gesicht. Graue Haare zierten seine Schnauze und seine Augen waren leicht trüb. Sein überschäumendes Temperament war gemildert, aber seine große Lebensfreude war unverändert. Er tanzte um mich und sprang an mir hoch. Ich kniete mich zu ihm und schloss ihn fest in meine Arme. „Du bist der Beste", flüsterte ich ihm ins Ohr und drückte ihn dabei fest an mein Herz. Tränen der Freude liefen über meine Wangen. Ich hatte mein Glück auf vier Pfoten wiedergefunden und ich wollte es nie mehr wieder hergeben.

Robert hatte mir die ersten Momente mit Ipo gelassen und setzte sich erst jetzt zu uns in den Sand. Ipo legte sich sofort auf den Rücken, warf seine Pfoten in die Luft und strampelte voller Freude wild in der Gegend umher. Damals schon war diese Geste so etwas wie das Begrüßungsritual zwischen Robert und Ipo gewesen. Er hatte es nicht vergessen. Für ihn war es anscheinend egal, ob wir uns gestern erst oder nach drei Jahren wiedersehen. Die Freude war jedes Mal die gleiche.

Wieder verbrachten wir jede freie Minute mit unserem vierbeinigen, hawaiianischen Freund. Und wieder hieß es nach einer glücklichen Zeit Abschied nehmen und Lebewohl zu sagen. Wir würden keine drei Jahre mehr verstreichen lassen, ehe wir zurückkehrten. Soviel stand fest. Auch wenn uns jeder für verrückt erklärte, dass wir um die halbe Welt flogen nur, um einen Hund wieder in unsere

Arme zu schließen. Wir waren uns einig, dass wir im nächsten Winter wieder nach Maui fliegen und Ipo besuchen würden. „Glaubst du, Ipo wird nächstes Jahr noch da sein, wenn wir wieder kommen? Er ist sehr gealtert. Er kämpft mit Alterszipperlein." Obwohl Robert nie einen eigenen Hund besessen hatte, konnte er gut einschätzen, wie es um Ipos Gesundheitszustand bestellt war.

„Ich weiß nicht. Ich habe kein gutes Gefühl. Allerdings sind die Winter auf Hawaii mild und nicht so kalt wie bei uns in Deutschland. Ipo muss nicht mit Schnee, Eis und Kälte kämpfen.", erwiderte ich. „Es liegt nicht in unserer Macht. Wir können nur hoffen."

Am Tag unserer Abreise spürte Ipo sofort, dass sich unsere Wege wieder trennen würden. Er war so traurig und auch wir konnten unsere Tränen nicht zurückhalten. Wir fühlten uns elend und wussten keinen Ausweg. Da saßen zwei erwachsene Menschen, die bekannt dafür waren, nicht aufzugeben und immer nach vorne zu schauen. Wir würden jedes Ziel erreichen, wenn wir es nur wollten. Daran glaubten wir fest. Jetzt waren wir machtlos und mussten den Lauf der Dinge akzeptieren.

Ohne zu überlegen, brach es spontan aus Robert heraus: „Weißt du was Ipo? Wenn deine Zeit hier auf Maui zu Ende ist, kommst du einfach zu uns nach Deutschland und beginnst dort ein neues Leben."

Als ob Ipo Roberts Worte verstehen würde, sah er ihn dankbar freudig an. Er grub seine Schnauze tief in Roberts Schoß. Ich stimmte sofort zu: „Genau! Das ist die Lösung. Solltest du wirklich von dieser Welt gehen, werden wir einen Golden Retriever Welpen bei uns aufnehmen und ihm deinen Namen geben. Du kommst einfach neu auf diese Welt und wir werden dir unsere ganze Liebe und Fürsorge schenken, damit du auch bei uns ein traumhaftes Leben führen kannst."

Ich nahm Robert und Ipo in meine Arme und drückte sie beide ganz fest. Jetzt konnten wir Ipo mit einem guten Gefühl loslassen.

Die Idee war weit hergeholt. Wir schienen tatsächlich irre vor Liebeskummer. Aber die Entscheidung, diesen Schwur den wir leisteten, fühlte sich für uns beide richtig und gut an. Es gab vieles was dagegen sprach, einen Hund bei uns aufzunehmen. Und es waren unsere eigenen Gedanken, die unsere Familie und unsere Freunde später aussprachen, als wir ihnen mitteilten, dass ein Golden Retriever Welpen bei uns einzieht: „Ihr seid doch nur auf Reisen. Was wollt ihr da mit einem Hund? Ihr seid beide berufstätig und voll eingespannt. Wie um alles in der Welt stellt ihr euch das vor? Ihr habt noch nicht mal Kinder und jetzt möchtet ihr einen Hund. Schnapsidee!! Ihr werdet sehen, schon nach kurzer Zeit wird euch die Sache über den Kopf wachsen und ihr werdet den Vierbeiner wieder in andere Hände geben." Auf dem Rückflug schwirrten alle diese Gedanken durch meinen Kopf. Robert erging es nicht anders. Aber im Moment mussten wir ja auch noch keine Entscheidung treffen. Wir würden nächstes Jahr sowieso wieder nach Maui fliegen und natürlich hofften wir, Ipo dann wieder in unsere Arme zu schließen.

Der Neuanfang war turbulenter, als wir ihn uns vorgestellt hatten. Wir zogen von der Stadt wieder zurück aufs Land. Gleichzeitig stellten wir die Weichen, damit unser kleines Unternehmen weiterhin erfolgreich war. Wir arbeiteten von früh morgens bis spät abends. Selbst an den Wochenenden gönnten wir uns kaum Ruhe. Uns blieb wenig Freizeit. Unsere nächste Reise nach Maui behielten wir allerdings fest im Blick.

Die Zeit bis dahin verging wie im Flug. Ein Jahr war vergangen und wir kehrten nach Maui zurück. Dieses Mal hatten wir unsere Unterkunft bereits von zu Hause aus gebucht. Zwischen der netten Maklerin und uns hatte sich eine Freundschaft entwickelt und sie brachte uns wieder im gleichen Appartement zu erschwinglichen Preisen unter. Robert nutzte die auf unserem Konto angesammelten Flugmeilen für ein Upgrade in die Business-Class. In den großzügigen Flugsesseln fühlte ich mich wie eine Königin. Trotz der bequemen Sitze und dem überaus freundlichen Service tat ich kein Auge zu. Robert erging es nicht anders. Unsere Gedanken waren bereits bei Ipo und ob er wohl noch leben würde.

Der Schlüssel zum Appartement lag unter der Fußmatte. Wir stellten die Koffer ab und liefen sofort an den Strand. Wir hielten Ausschau nach Ipo und riefen nach ihm. Dreimal legten wir die gleiche Strecke am Strand zurück. Ipo tauchte nicht auf. Unser Gefühl, dass Ipo gestorben sei, schien sich zu bewahrheiten. Wir gingen zu dem Haus in dem er einst gewohnt hatte. Ein älterer Mann war im Garten beschäftigt. „Ja, das stimmt. Bis vor kurzem wohnte hier eine Familie mit einem Golden Retriever. Sie sind vor einigen Monaten wieder aufs Festland zurückgegangen und haben das Haus verkauft." Der nette Gärtner wusste gut Bescheid, denn er hatte auch für Ipos Familie die Pflanzen und den Pool gepflegt. Robert fragte ihn, was aus Ipo geworden sei. Ob ihn die Familie beim Umzug mitgenommen habe oder ob er eventuell woanders auf der Insel untergekommen sei? „Nein", antwortete er. „Kurz vor dem Umzug ist Ipo verstorben. Er war sehr alt und gebrechlich. Vermutlich hätte er den Transport im Flugzeug überhaupt nicht mehr überstanden. Ipo entschied sich, auf der Insel zu bleiben und ich kann ihn nur zu gut verstehen." Er lachte, als er uns das erzählte. Der Gärtner war auf Maui geboren, erzählte er uns weiter und er würde diese schöne Insel nie verlassen wollen. Ipo sei am Strand so glücklich gewesen und vermutlich sei es ihm genauso gegangen wie ihm selbst. Ipo hatte nicht weggewollt von hier. Es war sein Zuhause und das sollte es bis zum Lebensende bleiben. „Er fehlt mir sehr", sagte er. „Er war so ein lebensfroher, lieber Hund und er gehörte zu diesem Haus und dem Strandabschnitt dazu. Auch die Surfer vermissen ihn. Er war etwas ganz Besonderes. Er war so, wie sein Name sagt, unser aller Liebling."

„Ist Ipo etwa ein polynesischer Name und heißt übersetzt Liebling", fragte ich den Mann.

„Ja, so ist es", erwiderte er. „Der Name passte einfach perfekt zu ihm."

Wir bedankten uns bei dem Einheimischen und kehrten niedergeschlagen und traurig in unser Appartement zurück. Wir verloren kein Wort mehr über Ipo. Er war einfach weg. Keiner von uns hatte das Bedürfnis, ihn über das Gespräch in Erinnerung zu behalten. Entweder Ipo live, oder Ipo überhaupt nicht, so lautete unser stillschweigend vereinbartes Übereinkommen.

Wir versuchten unsere wohlverdienten Urlaubstage trotzdem zu genießen. Wir unternahmen viel und nahmen uns Zeit, alles auf Maui zu entdecken, was wir bisher nicht gesehen hatten. Wir erlebten einen unvergesslichen Sonnenaufgang am Haleakala, dem größten inaktiven Vulkankrater der Welt. Dreitausend Meter über dem Meeresspiegel fühlt man sich dem Himmel viel näher, dachte ich während die Sonne in einem unvergesslichen Schauspiel auftauchte und plötzlich Ipo vor meinem geistigen Auge erschien. Wir hatten niedrige Temperaturen, um die null Grad Celsius, und ich fror. Beim Gedanken an Ipo wurde es mir auf einmal ganz warm ums Herz.

Wir fuhren die Straße nach Osten Richtung Hana. Sie schlängelt sich in unzähligen Haarnadelkurven durch den Regenwald. Sie führt vorbei an Wasserfällen, mitten hindurch durch uralte Eukalyptus- und Mangowälder. Kurze, intensive Regenschauer verwandelten manche Straßenabschnitte immer wieder in gefährliche Rutschpartien. Als wir den Ortseingang passierten, kam es uns vor, als wären wir am Ende der Welt angelangt. Es war ruhig und eine friedliche Stimmung lag über dem Dorf. Einige kleine Häuser und nur wenige Unterkünfte säumten die Straßen. Hier waren alles und jeder von der Aloha Philosophie durchdrungen. Die Menschen begegneten einander mit Respekt und lebten im Einklang mit der Umwelt. Von den Hotelburgen und dem hektischen Treiben an der Südküste war man meilenweit entfernt. Hierher hatte sich das ursprüngliche, unverfälschte Aloha zurückgezogen. Wir besuchten den durch Wellenbrecher aus Lava geschützten Kaihalulu Strand. Und als wir im tiefblauen Meer schwammen, stach ein Vierbeiner in See, der Ipo nicht besonders ähnlich sah, aber mich sofort an ihn erinnerte. Zum Windsurfen gingen wir an den Kanaha Beach Park. In Spreckelsville erinnerte uns zu viel an Ipo, um die Tage dort auch tatsächlich genießen zu können. Wir hatten eine schöne Urlaubszeit, aber ohne Ipo war sie einfach so seelenlos. Für uns war Ipo die Seele Mauis und diese lebte jetzt in einer anderen Welt.

Der Abschied von Maui fiel uns leichter als die letzten Male, denn diesmal ließen wir nichts zurück, was uns lieb war.

Verstand contra Gefühl

Zu Hause angekommen, stürzten wir uns sogleich wieder in die Arbeit. Wir wollten beide nicht wahrhaben, welche Lücke Ipo in unseren Herzen hinterlassen hatte. Frühjahr, Sommer, Herbst und Winter. Viel beschäftigt zogen die Tage und Jahreszeiten im Laufschritt an uns vorbei. Die ruhigere Weihnachtszeit nahte. Früher hatten wir uns um diese Zeit meist in die Stille zurückgezogen und unsere Reise nach Maui geplant. Wir hatten Flüge, Mietwägen und Unterkünfte geprüft, das Reisebudget kalkuliert und die Flugdaten festgelegt. Mitten im Winter hatten wir uns auf die Urlaubstage im Südseeparadies gefreut. Dieses Jahr schoben wir die Reiseplanung immer weiter hinaus. Auch nach Silvester, im neuen Jahr, verspürten wir keine Lust auf Maui.

„Vielleicht waren wir einfach zu oft am selben Ort.", sagte Robert, als ich ihn darauf ansprach.

„Ja, kann gut sein, dass wir etwas Abwechslung brauchen. Wir sollten einmal wieder etwas ganz Neues im Urlaub entdecken."

Kurze Zeit später besuchten wir ein sehr gut befreundetes Ehepaar außerhalb von München. Wir hatten uns lange nicht gesehen und uns viel zu erzählen. Beim Abschied erwähnte unser Freund ganz beiläufig: „Übrigens, nächste Woche bekommen wir Familienzuwachs."

Ich sah ihn erstaunt an: „Deine Frau ist hochschwanger? Das gibt es doch nicht. Man sieht überhaupt nichts. Du nimmst mich auf den Arm."

Er lachte: „Wir bekommen ja auch vierbeinigen Familienzuwachs, eine Golden Retriever Hündin. Sie ist zehn Wochen und wir holen sie nächste Woche vom Züchter."

Wir verabschiedeten uns und vereinbarten ein baldiges Wiedersehen, um uns die Hündin anzusehen. Als wir ins Auto stiegen, sagte unser Freund noch: „Bis bald und wer weiß, vielleicht kommt ihr bei unserem nächsten Treffen auch mit einem Hund?" Robert und ich wechselten kein Wort. Einige Zeit herrschte Stille. Unser Freund hatte unwissentlich voll ins Schwarze getroffen. Wie aus der Pistole geschossen sagte Robert plötzlich: „Wir wollten doch auch immer einen Golden Retriever. Wir hatten Ipo sogar geschworen, dass wir einen Welpen zu uns nehmen würden, wenn er verstirbt."

„Wenn nicht jetzt, wann dann?", sagte ich. „Ich werde Elisabeth anrufen." Elisabeths Hündin Sindy hatten wir öfter in Pflege genommen, wenn sie mit den Kindern verreist war. Sindy ist eine Seele von einem Hund. „Vielleicht hat der Züchter bald wieder Welpen abzugeben."

Mittlerweile war die Rasse Golden Retriever auch in Deutschland äußerst beliebt. Das Angebot war groß, aber wir wussten, wie wichtig es ist, einen verantwortungsvollen und guten Züchter zu finden.

„Wir sollten uns Zeit lassen und in Ruhe die in Frage kommenden Züchter auf Herz und Nieren prüfen", ermahnte mich Robert.

„Ja, das ist richtig. Aber Elisabeth hat ein gutes Gespür

für Tiere. Sie ist auf einem Bauernhof groß geworden und hat eine angesehene Pferdezucht. Außerdem hat sie zwei kleine Kinder. Sie würde nie ein Risiko eingehen. Die Hündin ist mittlerweile über fünf Jahre alt. Sie ist kerngesund, verspielt und sozial sicher ...“

Robert stoppte meinen Redeschwall: „Ist ja schon gut. Wir werden sie anrufen sobald wir zu Hause angekommen sind.“

Zu Hause angekommen, stellte ich meine Tasche in die Ecke und griff zum Telefonhörer. Ich ließ es lange läuten. Keiner nahm ab. Ich war ungeduldig und bleib länger in der Leitung, als ich es normalerweise tat. Auf einmal stoppte das Bimmeln und ich hörte die Elisabeths Stimme: „Hallo. Wer ist da?“ Sie war vollkommen außer Atem, denn sie war in den Stallungen bei den Pferden gewesen und hatte vergessen, das Mobiltelefon einzustecken.

Ich erkundigte mich nicht lange nach ihrem Befinden sondern fiel sprichwörtlich mit der Tür ins Haus: „Hast du noch die Nummer des Züchters von Sindy und weißt du, ob er noch Golden Retriever züchtet?“

„Ja, ich glaube schon. Moment, ich muss ins Haus und in meinen Unterlagen suchen.“

Meine Frage schien so brisant, dass Elisabeth nicht lange zögerte und sofort meinem Anliegen nachkam. Sie gab mir die Telefonnummer, die ich notierte und noch einmal wiederholte.

„Vielen Dank. Du bist ein Schatz. Ich melde mich wieder.“ Noch ehe meine Freundin fragen konnte, wozu und für wen ich die Nummer so dringend brauche, hatte ich mich schon wieder verabschiedet.

Ich hatte noch nicht mal meine Jacke abgelegt und die Schuhe auszogen. Robert hatte das Auto geparkt und kam zur Haustüre herein. Er schüttelte den Kopf, als er mich sah, wie ich voller Begeisterung mit dem Teilnehmer am anderen Ende der Leitung sprach. „Was, Sie haben einen Wurf mit Golden Retriever. Davon sind zwei Rüden. Das ist super! Ja, wir kommen morgen um elf Uhr bei Ihnen vorbei, um die Welpen anzusehen."

„Du hast doch nicht etwa einen Termin beim Züchter vereinbart, ohne vorher mit mir zu sprechen?", fragte Robert mit erstauntem Blick.

„Doch", sagte ich und ergoss einen Redeschwall mit Argumenten weshalb ich so schnell handeln musste. „Der Züchter hat einen Wurf mit acht Golden Retriever Welpen, zwei davon sind Rüden. Sie sind gerade mal acht Wochen alt. Er gibt sie nicht vor der zehnten bis zwölften Woche ab. Aber man kann die Welpen jetzt schon besichtigen und sich einen reservieren. Ein Rüde wäre noch frei. Die Hündinnen sind bereits und der andere Rüde so gut wie vergeben. Die Mutter ist aus seiner Zucht und lebt bei einer Familie bei ihm in der Nähe. Sie ist sehr temperamentvoll und deshalb haben die Besitzer entschieden, ihr einen Wurf zu schenken, damit sie vielleicht etwas ruhiger wird. Den Deckrüden hat der Züchter ausgewählt. Er stammt aus Holland. Er ist Weltsieger und kommt aus einer Jagdzucht."

„Aha", erwiderte Robert. „Na denn." Er wusste, dass er

nicht die geringste Chance hatte, mich davon abzuhalten, die Welpen morgen anzusehen. „Jetzt weiß ich, was dein Vater immer meinte, wenn er davon sprach, dass du von nichts abzubringen bist, wenn du dir etwas in den Kopf gesetzt hast. Vor allem dann, wenn es um einen eigenen Hund geht."

„Aber wir sehen sie doch nur an. Wir können uns die Sache dann noch einmal in Ruhe überlegen. Wir müssen doch morgen überhaupt keine Entscheidung treffen."

Robert hatte Recht. Ich fühlte mich in meine Kindheit zurück versetzt, als ich als junges Mädchen darum gekämpft hatte, einen eigenen Hund zu bekommen. Ich hörte mich noch reden. Ich kümmere mich um den Hund. Ich gehe mit ihm spazieren und zum Tierarzt, wenn er mal krank ist. Selbstverständlich räume ich die Haufen vom Rasen im Garten und natürlich koche ich sein Futter. Als der Film aus meiner Jugend vor meinen Augen ablief, wusste ich: In diesem Moment hatte ich mich für einen Golden Retriever entschieden. Für mich gab es keinen Weg mehr zurück.

Robert schien beruhigt. Meine Argumente, weshalb ich so schnell handeln musste, hatten ihn überzeugt. Er stimmte dem Besuchstermin am nächsten Tag zu. Wie er mir später gestand, glaubte er zu diesem Zeitpunkt noch fest daran, dass wir das Für und Wider eines eigenen Hundes hinterher noch in Ruhe prüfen könnten. Für ihn war zu diesem Zeitpunkt keinesfalls entschieden, dass wir unser Zweierrudel von einem Tag auf den anderen um ein Fellknäuel auf vier Pfoten erweitern würden, auch wenn wir in Urlaubsstimmung ein solches Versprechen gegeben hatten.

Liebe auf den ersten Blick?

Der Hof des Züchters war etwa zwei Autostunden von uns entfernt und lag in der Mitte von Nirgendwo. Auf engen, kurvenreichen Landstraßen bahnten wir uns den Weg zur Wiege der Golden Retriever Welpen. Bereits bei der Begrüßung musterte uns der Züchter mit eindringlichem Blick. Der Deckrüde empfing uns freundlich und forderte uns sogleich zu einem Spiel auf. Er war bestens trainiert und ein Bild von einem Goldie. Ich wollte sofort zu der Familie mit den Welpen fahren. Der Züchter bremste mich erst einmal ein: „Wissen Sie", sagte er. „Ich züchte jetzt seit über dreißig Jahren Rauhaardackel, die fast alle als Familienhunde gehalten werden. Seit einigen Jahren haben die Golden Retriever mein Herz gewonnen und deshalb habe ich mich entschlossen, auch diese Rasse zu züchten. Ich prüfe genau, welchen Welpen ich wem anvertraue und ob er zu den Familienverhältnissen passt. Das Wohlergehen meiner Hunde ist mir das Wichtigste. Auch wenn Sie jetzt von den Welpen begeistert sind, sollten Sie sich die Sache zu Hause noch einmal in Ruhe durch den Kopf gehen lassen. Sie treffen eine Entscheidung für die nächsten fünfzehn Jahre und die muss wohl überlegt sein. Und auch ich möchte, nachdem ich Sie kennengelernt habe, noch einmal überlegen, ob und welchen Welpen ich Ihnen anvertrauen würde."

Das saß erst einmal. Angesichts der Horrorgeschichten von unverantwortlichen Züchtern und Vermehrungsfarmen teuerer Rassehunde, waren wir allerdings froh, einen äußerst erfahrenen und verantwortungsvollen Züchter gefunden zu haben. Trotzdem war ich perplex, als der Züchter Klartext sprach.

Robert war sichtlich erleichtert, dass außer ihm noch ein weiterer Mensch zur Vernunft mahnte, statt nur der Emotion zu folgen. Während der Autofahrt war ich bereits ins Schwärmen geraten. Ich hatte mir das Leben mit Hund in den schönsten Farben ausgemalt. „Wir werden ihn Ipo nennen. Er wird uns überall mit hin begleiten, auch in den Urlaub. Ich nehme mir jeden Tag Zeit für Spaziergänge." Jetzt hatte der Züchter abrupt meine Träumereien beendet und mich in die Wirklichkeit zurückgeholt. Dafür war ihm Robert unendlich dankbar. Nachdem er sich über unseren Lebensstil informiert und uns wie eine Zitrone über unsere Zukunftspläne ausgequetscht hatte, bat er uns ihm hinterherzufahren. Endlich durften wir in die Welpenstube.

Wir fuhren durch ein kleines Siedlungsareal. Die Kinder spielten auf der Straße. Am Ende der Sackgasse tauchte das Haus auf, in dem die Mutter mit ihren Welpen wohnte. Eine äußerst sympathische Frau kam uns in der Einfahrt entgegen. Ihre Kinder liefen hinter ihr her und begrüßten uns mit leuchtenden Augen. „Kommt ihr auch um die Welpen zu sehen? Sie sind sooooooo süß!" Ein kleines Mädchen hatte mich bereits an die Hand genommen und in den Garten geführt. In einem extra umzäunten Bereich befand sich die Spielwiese der Racker. Ein kleines Holzhaus bot ihnen Schutz bei Regen und Kälte. Ansonsten lebten die Welpen im Haus der Familie, damit sie sich an die Geräusche und Abläufe im Alltag gewöhnten.

„Seht mal. Das ist Amadeus. Er ist der größte Rabauke und er hat den größten Kopf." Sie nahm den Rüden auf den Arm und reichte ihn mir. Er zappelte in meinen Armen und ließ nichts unversucht, damit ich ihn wieder auf den Boden zurücksetze. Es war unverkennbar, dass dieser Rüde seinen eigenen Weg gehen wollte. Die übrige Welpenschar hatte sich um uns versammelt. Wir setzten uns zu ihnen auf den Boden. Eine Hündin legte sich vertrauensvoll auf meinen Schoß. Die andere knabberte an meinen Fingern und die nächste zog an meinen Schuhbändern. Während alle Welpen sichtlich unsere Anwesenheit genossen und uns als potentielle Spielkameraden ausmachten, kümmerte sich Amadeus reichlich wenig um uns. Er war mehr damit beschäftigt, seine Wurfgeschwister aufs Kreuz zu legen und den Zaun nach einem Schlupfloch zu untersuchen, durch das er hindurchschlüpfen konnte, um die große weite Welt zu erobern. „Heute ist er bereits dreimal ausgebüchst", erzählt die Frau und lächelte. „Seine Mutter hat ihn wieder aufgestöbert und zurückgebracht. Zum Glück ist unser Grundstück eingezäunt und deshalb kann ihm auf seinen Abenteuertouren nicht viel passieren."

„Wäre das der Rüde, der noch frei ist?", fragte Robert

den Züchter ohne zu ahnen, welche Herausforderung die Erziehung dieses Rabauken für uns wäre.

„Eigentlich ist er schon vergeben. Der andere Rüde wäre noch abzugeben. Aber die Familie, die sich für ihn entschieden hat, hat zwei kleine Kinder. Dieser Hund hat jetzt schon seinen eigenen Kopf und er braucht eine liebevolle, konsequente Erziehung. Er ist hochintelligent und lernt schnell. Er ist sportlich und braucht ständig neue Herausforderungen. Ich bin nicht sicher, ob er in einer Familie mit Kleinkindern so gut aufgehoben ist. Das muss ich mir noch einmal überlegen." Während er sprach, rieb er sich mit der Hand nachdenklich am Kinn. „Die Mutter ist sehr agil und charakterstark. Davon hat dieser Rüde am meisten mitbekommen."

Die Mutter war eine wundervolle, groß gewachsene Golden Retriever Hündin. Obwohl sie die Geburt und die ersten Wochen mit den Jungen sehr gefordert hatten, wirkte sie temperamentvoll. Sie war voller Tatendrang und legte den Kindern ständig den Ball vor die Füße, damit diese ihn warfen und sie ihn zurückbringen konnte.

„Vielleicht würde dieser Rüde gut zu uns passen. Er gefällt mir und wenn er seinen eigenen Kopf hat, finde ich das gut", hörte ich Robert mit Blick auf den Züchter sagen.

„Ja, das kann sein. Sie sind sehr sportlich. Sie gehen Wandern, Joggen und bewegen sich bei jedem Wetter an der frischen Luft. Sie sind oft auf Reisen ans Meer und in die Berge unterwegs. Golden Retriever lieben Wasser in jeglicher Form. So gesehen wäre er bei Ihnen in den richtigen Händen, denn Sie brauchen einen ausgesprochen wesensfesten und hochgradig sportlichen Hund. Aber Sie sind Hundeanfänger und ich bin nicht sicher, ob Sie der Persönlichkeit dieses Hundes gewachsen sind."

Ich war leicht sauer, als der Züchter uns abstempelte, als könnten wir keinen Welpen erziehen geschweige den gut führen. Das wäre doch gelacht, dachte ich. Ich hatte immer schon Hunde in meinem Leben und gerade Golden Retriever gelten doch auch als äußerst leichtführig. Robert bemerkte meinen Unmut. Ehe ich etwas sagen konnte, fing er an zu sprechen: „Wir müssen die Sache mit dem Hund sowieso erst noch einmal in Ruhe zu Hause besprechen. Sollten wir uns tatsächlich dafür entscheiden, einen Ihrer Welpen bei uns aufzunehmen, können wir immer noch überlegen, welcher es sein soll. Wenn, dann sollte es ein Rüde sein. Das ist sicher. Ansonsten hören wir gerne dabei auf Ihren Rat."

Robert hatte mir geschickt den Wind aus den Segeln genommen. Er kannte mich nur zu gut und wusste, dass ich meine Entscheidung schon lange getroffen hatte. Allerdings wollte er auch noch ein Wörtchen mitreden. Wir sollten uns beide hundertprozentig sicher sein mit der Entscheidung für einen Hund. Auch wenn ich mich ungern beugte, fand ich, dass er ein Recht darauf hatte, die Idee vom eigenen Hund noch einmal zu überschlafen. Wir verabschiedeten uns von der Familie und dem Züchter und fuhren nach Hause. Robert war schweigsam. Vermutlich war ihm die Tragweite der Entscheidung vollkommen bewusst. Ich schwebte bereits im siebten Hundehimmel und war voller Begeisterung für die Idee, bald mit einem Kameraden auf vier Pfoten die Welt zu erobern.

Es war Freitag und über das Wochenende wollten wir in uns gehen. Am Montag, so hatten wir vereinbart, würden wir den Züchter anrufen und ihm unsere Entscheidung mitteilen. Bis dahin hätte auch er genügend Zeit, sich zu überlegen, welchen Rüden er uns anvertrauen würde, falls es denn ein Golden Retriever aus einer Zucht werden sollte.

Es fiel uns schwer, eine klare Entscheidung zu treffen. Also machten wir eine Liste „Pro Hund" und eine Liste „Contra Hund". Jeder sollte frisch und frei seine Gedanken zum Thema zulassen, ohne, dass der andere Kritik daran übte. Diese Vorgehensweise hatte sich bei der Lösung besonders kniffliger Angelegenheiten bisher bestens bewährt.

Innerhalb kürzester Zeit schrieben wir folgende Argumente nieder:

Pro Hund

- Ein Leben mit Hund macht Spaß und Freude.

- Täglich Bewegung an der frischen Luft

- Versprechen Ipo einlösen

- ???

- ???

- ???

Contra Hund

- Abhängig, unfrei

- Fehlende Bereitschaft in der Familie, den Hund zeitweise aufzunehmen

- Beide berufstätig, Beate sogar mit neuer beruflicher Aufgabe

- Verzicht auf Bergwanderungen und Fahrradtouren im ersten Hundejahr

- Wohin mit dem Hund bei Geschäftsreisen?

- Was ist mit Flugreisen?

- Zeit für Hundesausbildung und -schule ist knapp

- Wohin mit dem Hund beim Skilaufen?

- Spontane Reiseabenteuer auch mit Hund möglich?

- Rücksichtnahme auf die Bedürfnisse des Vierbeiners

- Spaziergang selbst bei Matschwetter

- Schmutz, Dreck und Hundehaare zieren Haus, Auto und Kleidung.

Die Liste der Contra-Punkte wurde immer länger. Dagegen blieb die Pro-Seite beängstigend leer. Mittlerweile war es Sonntagabend. Unseren rationalen Überlegungen zufolge würden wir also morgen den Züchter anrufen und ihm mitteilen, dass wir uns doch gegen einen Hund entschieden haben. Ein Vierbeiner passte einfach nicht in unser Lebenskonzept. Punktum.

Nachdem wir diese Entscheidung getroffen hatten, saßen wir auf der Couch und nahmen jeder ein Buch zur Hand. Wir schauten beide gleichzeitig auf, über den Rand der Buchdeckel trafen sich unsere Blicke. „Noch nie sind wir nur unserer Vernunft gefolgt", schoss es aus mir heraus. „Es war immer unser Herz, das uns geleitet hat. Wieso sollte das jetzt anders sein?"

Robert legte das Buch zur Seite und lachte lauthals los. „Du hast Recht. Wir waren schon immer ein wenig unvernünftig. Wir haben uns immer von unserem Bauchgefühl leiten lassen und nicht vom Verstand. Spaß und Freude am Leben mit einem Hund sind es tausendmal wert, die paar Einschränkungen in Kauf zu nehmen. Wegen ihr sollten wir nicht auf solch eine Kameradschaft verzichten. Schließlich sind wir um die halbe Welt geflogen, um unsere Urlaubstage mit Ipo zu genießen. Und wir haben ihm auf Maui versprochen, dass wir in Deutschland einen Goldie Welpen aufnehmen."

„Versprechen muss man halten", rief ich und umarmte Robert.

„Ja, versprochen ist versprochen", erwiderte er und gab mir einen Kuss.

Wir fühlten uns rundum wohl und wir waren felsenfest davon überzeugt, dass wir mit der Entscheidung pro Hund die richtige getroffen hatten. Zu diesem Zeitpunkt ahnten wir noch nicht, dass wir uns in manchen Momente wünschen würden, dass wir unserer Ratio mehr Gehör verschafft hätten.

Fort Knox oder welpensichere Umgebung

„Ich habe nichts anderes erwartet", entgegnete der Züchter als ich ihm die Botschaft übermittelte, dass wir uns für einen Golden Retriever aus seiner Zucht entschieden haben. „Ich konnte die Familie, die den Alpha Rüden Amadeus reserviert hat noch nicht erreichen. Im Moment könnte ich den anderen Rüden an Sie abgeben. Aber bis dahin sind es noch zwei Wochen."

„Wir freuen uns auch auf den anderen Zwerg, aber lieber hätten wir den mit dem großen Kopf."

„Wir werden sehen. Sie können ihn dann wie besprochen am dreißigsten Juni abholen. Bis dahin sollten Sie sich ein Welpenbuch besorgen, damit Sie gut vorbereitet sind. Sie können mich oder meine Frau gerne anrufen, wenn Fragen auftauchen."

Wir wollten unbedingt alles richtig machen, damit der Welpe einen guten Start bei uns haben würde. Zwei Wochen waren eine kurze Zeit, um einen Zweipersonenhaushalt in ein welpengerechtes Heim zu verwandeln. Was wir zu diesem Zeitpunkt zumindest unter welpengerecht verstanden. Wir dachten tatsächlich, wir wüssten viel über eine artgerechte Hundehaltung. Tatsächlich aber waren wir blauäugig und blutige Anfänger.

Auf unserem Wohnzimmertisch stapelten sich Welpenfibeln, Erziehungsratgeber, Ernährungs- und Gesundheitsbücher sowie Golden Retriever spezifische Fachliteratur. Bewaffnet mit Stift und Block vergruben wir uns jeden Abend in ein anderes Buch. Wir notierten die wichtigsten Erkenntnisse und bereiteten unser Haus und den Garten auf den Einzug von Mini-Ipo vor.

„Ich gebe beim Schreiner eine Hundehütte in Auftrag", sagte Robert eines Morgens.

„Wozu brauchen wir eine Hundehütte?"

„Wenn wir beide für mehrere Stunden aus dem Haus sind, muss Ipo im Garten bleiben. Damit kein Malheur passiert, wenn er für kleine Jungs muss."

„Golden Retriever sind keine Wachhunde, die man in einer Hütte hält", erwiderte ich erbost. „Ihr Platz ist inmitten der Familie", sagte ich.

„Ich will unseren Golden nicht aussperren, aber du wirst sehen, dass eine Hundehütte manchmal ganz praktisch ist."

Robert zog die Haustüre hinter sich zu und kam wenig später mit dem Schreiner im Schlepptau zurück. Als dieser den Umriss auf die Pflastersteine am Boden zeichnete, konnte ich mich nicht mehr beherrschen. Wenn schon, denn schon, dachte ich und bestand darauf, dass eine besonders komfortable Hütte gebaut wird. „Wenn wir schon eine Hundehütte aufstellen, dann bitte mit sehr dicker Isolierung und besonders wetterfest. Ich möchte nicht, dass feuchte Kälte vom Boden aufsteigt und sich der

Hund womöglich erkältet. Und sie soll so aufgestellt werden, dass im Innern keine Zugluft ist."

Der Schreiner wischte meinen Einwand fort: „Keine Angst. Wir bauen rundum mit einer zwölf Zentimeter dicken, wasserfesten Wärmeisolierung aus Styrodur und wasserabweisenden verleimten Holz als Außenwand. Ihr Mann hat einen von allen Seiten windgeschützten Standort gewählt. Diese Hundehütte ist selbst bei arktischen Temperaturen noch kuschelig warm."

Robert und der Schreiner waren sich einig. Ich hakte die Sache mit der Hundehütte einfach ab, denn ich ahnte, dass unser schlauer Welpe diese sowieso gekonnt ignorieren würde.

Ich kümmerte mich lieber darum, die kleineren Problemzonen im Haus welpensicher zu machen. Ich klebte Kindersicherungen in die Steckdosen und versuchte alle am Boden liegenden Stromkabel noch oben zu verlegen. Denn laut Welpenratgeber ist man nie sicher, ob der neugierige Junghund auf Entdeckungstour die Steckdosen beleckt oder die Stromkabel mit einer Kaustange verwechselt. Auf dem Dachboden suchte ich nach Brettern, die sich zu Absperrgittern für die Treppe umfunktionieren ließen, damit der Knirps anfangs nicht ständig die Treppen hoch- und hinunterlief. Laut schlauem Gesundheitsratgeber sollten Hunde solange sie im Wachstum sind möglichst selten Treppen steigen, da die Knochen noch weich und Sehnen und Muskeln noch nicht gefestigt sind. Bis auf den großen Teppich im Wohnzimmer rollte ich die gerade erst neu angeschafften Orientteppiche zusammen und brachte sie auf dem Dachboden in Sicherheit. Dort sollten sie bleiben, bis der Welpe stubenrein war. Ich drapierte den höhenverstellbaren Doppelnapfständer in der Nische neben dem Kühlschrank. Halsband, Leine und Welpenfutter wollte uns der Züchter mitgeben. Ich hätte gerne sofort auf biologisch artgerechtes, mit allen lebenswichtigen Vitaminen- und Mineralien bestücktes Futter umgestellt. Doch der Züchter bat uns, das gewohnte Futter die ersten Tage beizubehalten, denn der Welpe müsste sich in den ersten Tagen schon mit genügend anderen Neuerungen auseinandersetzen. Hundespielzeug, Leckerli, Bürste und Hundepfeife wollte ich in den nächsten Tagen im Zoofachgeschäft besorgen.

Auf der Suche nach einem geeigneten Schlafplatz für Ipo durchschritt ich Raum um Raum. Plötzlich flog die Haustür auf und Robert kam mit einem XXL-Hundekorb unter dem Arm herein.

„Was ist das?", fragte ich und blickte erstaunt.

„Das ist Ipos Hundekorb. Ich habe ihn etwas größer gekauft, damit er ihn auch noch benutzen kann, wenn er ausgewachsen ist."

„Aha! Ich dachte wir hätten uns für einen Golden Retriever entschieden. Der Hundekorb passt aber eher zu einer Deutschen Dogge."

„Ach was. Ipo fühlt sich viel wohler, wenn er nicht so beengt ist."

„Also gut. Wo wollen wir den Hundekorb aufstellen?"

„Ich dachte im Flur. Von da aus hat er immer alles im Blick."

„Direkt hinter der Eingangstüre kommt Ipo nie und nimmer zur Ruhe. Er braucht einen ruhigen Schlafplatz an dem er sich zurückziehen kann und an dem er vollkommen ungestört ist."

Robert war beleidigt. Er schnappte sich den Korb und öffnete die Tür zum Gäste WC, das in unserem Haus äußerst großzügig war, damit man bei Bedarf nachträglich noch eine Dusche einbauen konnte.

„Das ist nicht dein Ernst. Du willst Ipo in der Gästetoilette unterbringen?"

„Da hat er es wenigstens ruhig", spottete Robert.

Ich ließ es dabei bewenden, denn ich war mir sicher, dass Ipos Schlafplatz auf einer Decke bei uns im Schlafzimmer sein würde. Zumindest die ersten Tage würde ich ihn nachts keinesfalls alleine lassen. Der Abschied von seiner Mutter und seinen Geschwistern war für Ipo sicherlich schwer genug. Die Nähe zu uns würde ihm Sicherheit vermitteln. Zudem wollte ich ihn im Blick haben wenn er raus musste. Bekanntlich müssen Welpen ja alle drei bis vier Stunden mal für kleine Jungs.

Nachdem unser Haus welpengerecht umgestaltet schien, wandten wir uns dem Garten zu. Wir vergewisserten uns, dass wir keine giftigen Pflanzen hatten. Die Blumenbeete deckten wir mit Rindenmulch ab, damit die Pfoten auf Ipos Streifzügen durch den Garten einigermaßen sauber blieben. Was sich später allerdings als großer Fehler entpuppte, denn Ipo sollte denken, wir hätten große Kaustücke unter den Rindenmulch gemischt, an denen er sich die Milchzähne wetzen könnte. Sollten wir tatsächlich den Golden mit dem großen Kopf bekommen, mussten wir unseren Garten möglichst ausbruchsicher machen. Wir wollten Ipo allerdings unbeaufsichtigt im Garten stromern lassen und mussten deshalb mit einem geeigneten Zaun vorsorgen. Vor uns hatte eine Familie mit Rauhaardackeln das Haus bewohnt und rundum dichte Hecken gepflanzt. Dahinter befand sich ein Zaun aus Maschendraht, der für kurze Dackelbeine unüberwindbar, für einen sportlichen und schnell heranwachsenden Golden Retriever allerdings vermutlich bald kein Hindernis mehr darstellte. Wir hatten nur noch wenige Tage bis zu Ipos Einzug und die ortsansässigen Firmen waren ausgebucht. Deshalb verschoben wir den Zaunbau auf einen späteren Zeitpunkt, was sich schonend auf unsere Geldbörse allerdings nicht auf unsere Nerven auswirkte. Die anfangs gedachte Zaunlösung mit einem achtzig Zentimeter hohen Maschendraht hätte Ipos erfolgreichen Ausbruch höchstens um fünf Minuten hinausgezögert. Wir mussten unseren Garten beinahe wie Fort Knox sichern, um Ipo davon abzuhalten, alleine auf Entdeckungstour zu gehen. In diesem Punkt sollten sich die schlauen Ratgeber also irren. Von wegen, ein Golden möchte immer mitten in der Familie sein. Ipo war es ziemlich egal, ob wir ihn auf seinen Streifzügen begleiteten. Kaum hatten wir ihn nur eine Minute aus den Augen gelassen, war er bereits auf dem Weg zur Nachbarhündin und das mit gerade mal elf Wochen.

Die welpensichere Gestaltung von Haus und Garten konnten wir vorerst abhaken. Alles Weitere würde sich ergeben, wenn Ipo erst mal bei uns war. Bisher waren wir ein sehr reisefreudiges Rudel gewesen und wir hofften, dass Ipo die Liebe zum Entdecken von neuen Orten und Menschen mit uns teilen würde. Wir wohnten sehr abgelegen in einem dreitausend Seelendorf auf dem Land. Der Weg hinaus führte über enge, kurvige Landstraßen. Öffentliche Verkehrsverbindungen waren spärlich. Bus- und Zugfahrpläne glänzten mit mehrmaligem Umsteigen und endlos langen Reisezeiten. Umgerechnet betrug die durchschnittliche Reisegeschwindigkeit in etwa fünfundzwanzig Stundenkilometer. Mit dem Fahrrad hätten wir unser Ziel vielleicht sogar schneller erreicht. Uns blieb also nur das eigene Auto als Fortbewegungsmittel und das mussten wir natürlich auch noch hundegerecht umfunktionieren. Der Züchter hatte schon kurze Ausflüge mit der Welpenschar unternommen und alle fühlten sich dabei rundum wohl. Die Grundlage für unbeschwerte Ausflüge mit Ipo schien gelegt zu sein.

Unser Auto hatten wir bisher je nach Saison mit diversen Sportutensilien tiefer gelegt. Ski, Wanderausrüstung, Surfbretter und Badeutensilien hatten wir im Gepäck und deshalb nannten wir bereits einen Kombi unser eigen, in dessen Heck Ipo ideal untergebracht war. Die Sporttaschen und Hundeausrüstung wollten wir auf den Rücksitzen verstauen. Für Surfbretter und Ski kauften wir einen Dachständer und eine Skibox. Wir mussten lediglich ein Schutzgitter einbauen, damit Ipo bei Bremsmanövern nicht unkontrolliert durch die Gegend flog, sondern im Heck des Autos sicher verstaut blieb. Für die Ladefläche besorgte ich eine rutschfeste, waschbare Schondecke. Im

Handumdrehen entpuppte sich Auto Nummer eins als komfortable rollende Hundehütte.

Auto Nummer zwei ließ sich nur schwer in ein Hundeauto verwandeln, denn es war ein Cabrio. Glücklicherweise hatten wir unseren Zweisitzer Sportflitzer vor kurzem durch einen geräumigeren Viersitzer ersetzt. Auf der Rücksitzbank unter dem Windschott würde Ipo allerdings nur die ersten Monate ausreichend Platz finden. Später wäre es auf den zwei, vom Hersteller als vollwertig deklarierten Rücksitzen, eng geworden für Ipo. Ihn unter dem Windschott anzugurten, würde ebenfalls schwierig werden und ob er die Zugluft vertragen würde ohne, dass er sich Augen- und Ohrenentzündungen zuzog, war fraglich. Um die lederbezogenen Autositze zu schonen, investierten wir in eine Schondecke. Wir konnten es drehen und wenden wie wir wollten: Aus dem Cabrio würde wohl nie ein gutes Hundeauto werden.

Robert schmerzte die Vorstellung, dass er an schönen Sommertagen nicht mehr mit offenem Dach, sondern mit der vollklimatisierten Familienkutsche durch die Gegend fahren würde.

„Wir können die Autos tauschen. Wer mit Ipo unterwegs ist, fährt mit dem Kombi. Und wer sagt denn, dass wir nicht auch alleine, ohne Ipo mal wieder auf Spritztour gehen können?", versuchte ich ihn zu beruhigen.

Fürs erste war Robert zufrieden. „Du hast Recht. Ein vollwertiges Hundeauto reicht fürs Erste vollkommen. Später sehen wir weiter."

Willkommen Liebling

Geschafft! Alles war auf Ipos Ankunft vorbereitet. Wir waren voller Vorfreude. Wir kannten die Erziehungsratgeber in- und auswendig. Die Kommandos „Sitz, platz und bleib" beherrschten wir bereits im Schlaf. Wir mussten sie nur noch unserem Hund beibringen. Mimik und Gestik des Hundes im Allgemeinen und insbesondere des Golden Retrievers hatten wir bis in alle Feinheiten studiert. Theoretisch wussten wir bestens Bescheid wie man einen Hundewelpen ins Leben einführt und wie man die Basis für eine über viele Jahre dauernde vertrauensvolle Beziehung legt. Jetzt fehlte nur noch der Vierbeiner mit dem wir unser theoretisches Wissen in die Praxis umsetzen wollten.

Rückblickend betrachtet waren wir wie zwei Vertriebsmitarbeiter mit Prädikatsexamen, die am nächsten Morgen das erste Mal einem leibhaftigen Kunden gegenüberstehen und ein erfolgreiches Verkaufsgespräch führen sollen. Das theoretische Wissen war die eine Seite. Die Umsetzung in die Praxis die andere. Wir ahnten, dass sich unser Leben mit Ipos Einzug verändern würde, aber wir hätten nicht im Traum daran gedacht, dass ein kleines Wesen auf vier Pfoten unser Leben von einem Tag auf den anderen vollkommen auf den Kopf stellen würde.

„Der Wetterbericht prognostiziert morgen einen sehr heißen Tag mit Temperaturen über dreißig Grad Celsius.

Vermutlich ist es besser, wenn wir Ipo mit dem Cabrio abholen."

Ich befürwortete Roberts Idee von einer Fahrt mit reichlich Frischluft: „Ich kann Ipo auf den Schoss nehmen, damit er sich sicher fühlt. Der kühlende Fahrtwind tut im sicherlich gut."

Als wir am nächsten Tag im Cabrio mit offenem Verdeck beim Züchter anrollten, hob er verwundert die Augenbrauen, verkniff sich allerdings eine Bemerkung hinsichtlich unseres Autokonzepts. „Hallo, schön euch zu sehen. Wir machen erst den ganzen Papierkram und dann fahren wir zu den Welpen. Eurer ist der erste, der abgegeben wird."

„In Ordnung", erwiderte Robert. „Bekommen wir den mit dem großen Kopf."

„Ja, ich habe mich mit meiner Frau beraten und wir sind beide zu dem Entschluss gekommen, dass der Alpha Rüde bei euch gut aufgehoben ist. Ihr werdet das Ding schon schaukeln, auch wenn es euer erster Hund ist. Und ihr sollt wissen, dass wir euch jederzeit mit Rat und Tat zur Seite stehen. Bitte zögert nicht uns anzurufen, wenn Probleme auftauchen oder ihr mal nicht weiter wisst."

„Das freut uns sehr. Vielen Dank für Ihr Vertrauen."

Ich hatte mich inzwischen mit der Frau des Züchters über die Fütterung und Pflege verständigt.

„Seid ihr fertig?", fragte der Züchter seine Frau.

„Ja, wir sind soweit alles durch gegangen. Ihr könnt losfahren."

Wir verabschiedeten uns bei der überaus netten Dame und fuhren zu Ipos Mutter und den Geschwistern.

„Möchten Sie den Kleinen etwa im Cabrio transportieren?", rief die Hobbyzüchterin entsetzt. Sie war so perplex, dass sie eine Begrüßung vergaß.

„Ja, wir dachten, dass ihm die frische Luft besser bekommt, als der Luftzug aus der Klimaanlage."

Sie hob die Schultern und warf den Kopf in den Nacken. „Na, wenn Sie meinen."

Wir folgten ihr in den Garten. Die Rasselbande war mächtig gewachsen. Sie hob einen Rüden aus dem Laufgehege und legte ihn in meinen Arm.

„Das ist aber nicht der mit großen Kopf", rutschte es mir heraus.

„Nein, den sollte doch die andere Familie mit den Kleinkindern bekommen."

Es stellte sich heraus, dass der Züchter mit der Hobbyzüchterin noch nicht gesprochen hatte. Nach einigem Hin und Her beugte sie sich dessen Entscheidung. „Du hast viel mehr Erfahrung, wem du welchen Hund anvertraust. Das passt schon. Mir sind die Kleinen nur so ans Herz gewachsen, dass ich mir wünsche, dass sie gut aufgehoben sind in ihrer neuen Heimat."

„Keine Angst", beruhigte ich. „Ipo wird es bei uns bestens gehen. Sie können sich auf uns verlassen. Wir können gerne in Kontakt bleiben und Sie können seine Entwicklung mitverfolgen."

Schweren Herzens übergab sie uns Ipo. Die Tränen kullerten über ihr Gesicht. „Auf Wiedersehen, Amadeus." Sie nannte ihn noch beim alten Namen.

„Ich habe Amadeus vor einer Stunde gefüttert, denn ich dachte, dass der andere Rüde an Sie abgegeben wird.

Hoffentlich wird ihm nicht übel bei der Autofahrt."

Ich war dankbar für diese Information, denn die Auswirkungen bekam ich wenig später zu spüren. Ipo begann plötzlich zu würgen und wenig später spuckte er das unverdaute Futter auf meinen Schoß. Zum Glück hatte ich ein altes Handtuch dazwischen gelegt. Ich entfernte es und steckte es in einer Tüte in den Kofferraum.

„Na, das fängt ja gut an."

„Keine Sorge. Jetzt ist der Magen wieder leer und die Übelkeit wird schnell vorübergehen", beruhigte Robert.

Ipo hechelte und würgte weiter. Verzweifelt versuchte ich ihn zu beruhigen, was mir allerdings nicht gelang. Als wir zwei Stunden später zu Hause ankamen, war ich fix und fertig.

„Die erste Aufgabe habe ich richtig vermasselt", seufzte ich mit tränenerstickter Stimme. „Nach diesem Erlebnis ist Autofahren sicherlich der Horror für Ipo. Die Frischluft war eine Schnapsidee. Er ist vollkommen verstört und reizüberflutet. All die Eindrücke und Geräusche haben ihn ziemlich aufgewühlt."

„Er wird die Fahrt schnell vergessen. Jetzt lass uns erst einmal in den Garten gehen, damit sich Ipo lösen kann." Robert nahm Ipo von meinem Schoß und stellte ihn vor der Haustüre auf den Boden. Neugierig, erwartungsvoll blickte er auf die geschlossene Tür. Ungeduldig stupste er mit der Nase dagegen.

„Aha, du weißt also schon, wie man verschlossene Türen öffnet", lachte ich und sperrte die Türe auf. Ipo spazierte ins Haus hinein. Noch ehe er sich lösen konnte, lockte ich ihn in den Garten. Als wenige Minuten später Robert auftauchte, war Ipo bereits auf Erkundungstour. Sorgfältig beschnupperte er jeden Winkel. Er ließ sich nicht stören und sah erst auf, als die Nachbarskinder auf der Wiese standen.

Die Nachricht von Ipos Ankunft hatte sich in unserer Straße wie ein Lauffeuer verbreitet. Die Kinder wollten ihn unbedingt sehen und streicheln. Ich versuchte ihnen noch zu erklären, dass Ipo heute schon genügend Aufregung hatte. Sie ließen mir keine Chance. „Bitte. Wir möchten ihn nur kurz sehen, dann gehen wir auch gleich wieder."

Vielleicht tun Ipo die Kinder gut, dachte ich. Er war bisher von ihnen umgeben und vielleicht vermitteln sie ihm das Gefühl von Vertrautheit.

Beim Anblick der kleinen Bande unterbrach Ipo seine Abenteuertour im Garten. Da saßen sie nun alle bei uns im Rasen. Sie lachten und freuten sich. Ipo war glücklich inmitten der Kinderschar und ich spürte, dass wir mit diesem Golden Retriever das ganz große Los gezogen hatten. Ipo war ein Energiebündel und so voller Lebensfreude. Er war genau wie der Ipo auf Maui, den wir während unserer Urlaube kennen- und lieben lernten. Die Kinder verabschiedeten sich, allerdings nicht ohne mir eine Besuchszeit für den nächsten Tag abgerungen zu haben. „Morgen dürft ihr Ipo wieder besuchen. Aber jetzt braucht er erst einmal Ruhe", überzeugte ich sie.

Die Kinder waren noch nicht zur Tür hinaus, als Ipo in einer schattigen Ecke in den Schlaf sank. Robert nahm ihn auf und legte ihn auf die Hundedecke im Wohnzimmer. Ipo blickte noch kurz hoch und versank sogleich in den Tiefschlaf.

Wir fielen erschöpft auf die Couch. „Jetzt sind wir also glückliche Hundeeltern."

„Ja, das sind wir. Mal sehen, was uns alles erwartet."

Turbowelpe

Es war später Nachmittag. Wir hatten seit dem Frühstück nichts mehr gegessen und wurden langsam hungrig. Wir beschlossen, früher als üblich Abend zu essen. Ich ging in die Küche, um eine Kleinigkeit zu kochen. Robert blieb bei Ipo im Wohnzimmer, um ihn zu beobachten. Schon nach wenigen Minuten hörte ich Robert laut schnarchen. Er war auch eingeschlafen und die Aufgabe Ipo zu beobachten ging auf mich über. Mit einem Ohr bei Ipo im Wohnzimmer hantierte ich in der Küche. Als ich die kochend heißen Spaghetti mit Tomatensauce auf den Tisch stellte, erwachte Ipo aus seinem Nachmittagsschlaf.

Ich lief ins Wohnzimmer und schnappte mir Ipo, um ihn auf die Wiese in den Garten zu setzen. Ich ließ ihm keine Zeit, sich im Wohnzimmer zu lösen und lobte ihn überschwänglich, als er die Wiese begoss. „Brav Ipo. Das hast du gut gemacht." Ich bückte mich zu ihm hinab und streichelte seinen Kopf. Seine Augen blitzten, ganz so, als wolle er sagen „Und was kommt jetzt?" Er sprang auf und tapste los. „Nein, Ipo. Das Essen steht auf dem Tisch und wird kalt." Robert war inzwischen aufgewacht und kam in den Garten. „Ipo komm", rief er und der Kleine lief freudig auf ihn zu und folgte ihm in die Küche. Das funktioniert schon ganz gut, dachte ich, während ich Ipo frisches Wasser in den Napf füllte.

Robert und ich setzten uns an den Tisch. Die Pasta war noch warm und ich gab die Portionen auf die Teller. Ipo beobachtete uns kurz, um anschließend einen Tanz um den Tisch aufzuführen, bei dem mir nur vom Zusehen schwindlig wurde. Er raste um die Stühle und auch wenn er das eine oder andere Stuhlbein zu eng passierte und kurz hängen blieb, störte ihn das nicht weiter. Er drehte eine Runde nach der anderen und wurde dabei immer schneller. Robert wurde es zu viel. „Schluss Ipo", rief er, als Ipo gerade seinen Stuhl passieren wollte, und hielt die Hand vor ihn. „Jetzt ist Ruhe." Robert drückte Ipo mit der einen Hand auf den Boden. Mit der zweiten Hand verspeiste er seine Spaghetti. Sobald Roberts Hand nachgab, entwischte Ipo und der Tanz begann von vorne.

Mich erinnerte Ipo an die kleinen Spielzeugautos, die man mehrmals über den Boden zieht, damit sie sich aufladen. Sobald man sie loslässt, schießen sie geradezu durch die Gegend, bis die Energie wieder zu Ende ist. Ipo zog sich selbst auf und seine Energie schien unendlich. Hätte Robert ihn nicht gestoppt, wäre er vermutlich völlig überdreht. Vielleicht hätte er sich irgendwann mit dem Kopf in den Stuhlsprossen verfangen oder ihm wäre so schwindlig geworden, dass er innehalten würde. Aber keinesfalls schien ihn nachlassende Energie zu bremsen. Wir waren uns einig, dass wir nicht warten wollten, ob und wenn ja wann ihm die Kraft für seine Eskapaden ausgehen würde. Robert schlang sein Essen hinunter.

„Jetzt reicht es", rief ich empört und sprang vom Stuhl hoch. „Ich gebe Ipo sein Futter, dann ist vermutlich Ruhe. Er hat sicher großen Hunger und wenn der gestillt ist, führt er sich nicht mehr so auf."

Robert war skeptisch. „Ich finde das keine gute Idee. Ipo lernt doch nur, dass er mit seinem Verhalten unsere Aufmerksamkeit gewinnt. Nicht auszudenken, wenn er glaubt, dass er nur wie wild um den Tisch laufen muss, damit sein Futternapf gefüllt wird."

„Ipo ist gerade mal ein paar Stunden bei uns. Er muss sich erst an unseren Rhythmus gewöhnen", entgegnete ich. „Ich weiß, dass er als Nummer drei im Rudel seine Mahlzeiten nicht vor uns bekommen soll. Ich bin sicher, wir können ihm schnell beibringen, dass er, wenn er sich ruhig verhält während wir essen, leckeres Futter zu Belohnung bekommt. Heute am ersten Tag machen wir eine Ausnahme."

Ich hantierte bereits in der Küche. Robert blieb still, denn er wusste, dass es vollkommen sinnlos war, nochmalige Bedenken zu äußern. Ipo schlang sein Futter hinunter, als hätte er Tage nichts gefressen. „Siehst du, er war einfach hungrig." Ich war zufrieden und stolz auf meine Beobachtungsgabe hinsichtlich der Bedürfnisse des kleinen Welpen. Ich konnte ja nicht ahnen, dass Ipo versuchen würde, jede Ausnahme zur Gewohnheit werden zu lassen und dass er jede Wankelmütigkeit in Gehorsamfragen schamlos ausnützen würde.

Ich hatte gerade den Tisch abgeräumt und den Napf aus der Halterung genommen, als Ipo ins Wohnzimmer lief, um dort die Rennbahn zu testen. Mit Vollgas sprang er aufs Sofa und dann auf den Tisch. Mit seinen kurzen Beinen brauchte er zwar mehrere Anläufe, ehe es klappte. Aber letztendlich erklomm er die Couch, indem er seine spitzen Krallen tief in die Lederkissen bohrte, sich an den Vorderläufen hochzog und mit den Hinterläufen so lange strampelte, bis er oben saß. Anschließend lief er auf dem Sofa auf und ab. Es machte ihm sichtlich Freude, wenn er dabei die gleiche Strecke in immer kürzerer Zeit absolvierte. Als wäre das nicht genug, sprang er auf den Tisch hinüber und von dort wieder auf den Boden. Jetzt ging es erst so richtig los. Im Eiltempo umkreiste er die Sitzgruppe samt Stühle. Immer wenn er die große Pflanze am Boden passierte, schnappte er nach einem der Blätter, das weit genug und für ihn erreichbar nach unten hing. Schon nach wenigen Runden waren die Blätter so zerpflückt, als wäre ein Wirbelsturm über sie hinweggefegt.

Wir standen in der Wohnzimmertüre und waren beide sprachlos. In den Adern unseres Hundes floss Rennfahrerblut. Nur dass er statt einem fahrbaren Untersatz auf Rädern auf seinen Pfoten durch die Gegend fegte. Wir waren so perplex, dass wir nicht imstande waren einzuschreiten. Ipo schnappte kurz nach Luft und seine Augen funkelten. Er war im Geschwindigkeitsrausch gefangen.

Mir schossen auf einmal furchtbare Gedanken durch den Kopf. In der einschlägigen Literatur wurden wir oft über die Gefahr einer Magendrehung hingewiesen, wenn der Hund kurz nach der Fütterung wild umhertobt. Die

Auswirkungen sind dramatisch. Der Magen des Hundes dreht sich um die eigne Achse. Die Blutgefäße sowie Mageneingang und -ausgang werden abgeschnürt. Es droht ein Kreislaufkollaps und wegen der verschlossenen Magenöffnungen kommt es zum Aufgasen des Magens. Nur eine sofortige Notoperation kann das Leben des Hundes retten.

Ich schrie panisch: „Stopp Ipo!" Ich stellte mich ihm in den Weg, packte ihn wie seine vierbeinige Hundemutter es tun würde am Nackenfell und hob ihn in die Luft. Er strampelte erst wie wild mit dem Pfoten, wurde allerdings schnell ruhig. Robert lachte anfangs, denn auch wenn ihm die Spuren, die Ipos Hochgeschwindigkeitsrennen hinterließen, nicht gefielen, nahm er die Sache mit Humor. „Was bist du nur für ein wilder Kerl", rief er und nahm Ipo aus meiner Hand. Verängstigt beobachteten wir jede Regung, die Ipo machte. Zu unserer Erleichterung ging die Sache gut aus, aber die Rennbahn war von nun an für Ipo gesperrt.

Nicht nur Ipo, auch wir waren früh abends vollkommen geschafft und hundemüde. Die laue Sommernacht lockte unsere Nachbarn in den Garten. Sie plauderten auf der Terrasse und fragten uns, wie der erste Tag mit Ipo verlaufen sei. „Gut", sagten wir. „Abgesehen davon, dass er unsere Bude auf den Kopf gestellt hat, lief alles prächtig." Vermutlich sorgte Robert für reichlich Belustigung, als er Ipo in den Garten führte, um ihn mit sich ständig wiederholenden, gebetsartig vorgetragenen Äußerungen dazu zu bewegen, dass er sein Geschäft verrichtet. „Ipo, mach Pipi", lautete sein Mantra. Leider ohne Erfolg.

„Es müsste Windeln für Hundewelpen geben", sagte er und gab schließlich genervt auf. „Dann bräuchten wir uns keine Sorgen zu machen, bis Ipo stubenrein ist."

„Ja, mal sehen was die erste Nacht bringt."

Ich nahm Ipo auf den Arm, um ihn über die Treppe in den ersten Stock zu tragen.

„Kommt nicht in Frage", sagte Robert. „Ipo bleibt in seinem Korb in der Gästetoilette im Erdgeschoss. Falls er dringend muss, kann er sich auf den Fliesen lösen und wir können es problemlos wegwischen."

„Aber ......"

Robert ließ mich nicht zu Wort kommen. „Kein Aber. Du siehst ja, wie die Geschichte ausgeht. Wenn wir bereits zu Beginn Ausnahmen zulassen, tanzt uns Ipo nur auf der Nase herum."

„Die erste Nacht sollten wir ihn trotzdem nicht alleine lassen. Ich habe kein gutes Gefühl dabei."

Ich konnte Robert nicht umstimmen. Ich gab mich geschlagen und dachte, wenn Ipo nur halb so viel Durchhaltevermögen beweisen wird wie beim heutigen „Futtertanz", wird er seinen Schlafplatz in kürzester Zeit vor unserem Bett aufschlagen.

Wir setzten Ipo in seinen extra großen Hundekorb, löschten das Licht und schlossen die Tür hinter uns zu. Es blieb mucksmäuschenstill.

„Na, was sage ich. Ipo macht keine Probleme. Er ist brav und schläft", sagte Robert zufrieden und schraubte die Kappe auf die Zahnpastatube.

„Ja, vermutlich ist er so müde, dass er sofort in den Tief-schlaf fällt."

Ich hatte den Satz gerade zu Ende gesprochen, als ich ein Jaulen hörte, das meine mütterlichen Instinkte auf den Plan rief. Ich wollte mich gerade auf den Weg machen zu Ipo, als mich Robert stoppte. Als Zeichen, dass wir erst einmal abwarten sollten, legte er den Finger auf seinen Mund „Psst, vielleicht hört er gleich wieder auf."

Das Jaulen wurde immer lauter und mündete in ein jämmerliches, herzzerreißendes Winseln. Wir hatten Ipos Durchhaltevermögen heute bereits kennengelernt und wussten, dass wir keine Chance auf erholsamen Schlaf haben würden, wenn wir nicht seinen Korb in unser Schlafzimmer stellten.

Robert war auf einmal ganz der Hundepapa. Er hatte plötzlich gespürt, dass Ipo in der neuen Umgebung unsi-cher war und vielleicht auch seine Mutter und die Geschwister vermisste. Er stellte den Hundekorb neben das Bett auf den Boden und setzte Ipo hinein. Als Robert ihn streichelte und Ipo seine Hand auflegte, schöpfte er Vertrauen und schlief schnell ein.

Ich war im Tiefschlaf, als der Wecker bimmelte. „Auf-stehen, Faulpelz", sagte ich und rüttelte Robert, bis er wach war. Am Vorabend hatten wir beschlossen, die Nacht in Schichten von jeweils vier Stunden einzuteilen. Es war zwei Uhr früh und Robert war als erster damit an der Reihe, Ipo die Gelegenheit zu geben, sein Geschäft draußen zu verrichten. „Nur gut, dass wir Sommer haben", murmelte er, während er Ipo auf den Arm nahm, um mit ihm in den Garten zu gehen. Ipo bemerkte nicht, dass Robert ihn aus dem Korb nahm. Er schlief seelenruhig weiter. Nur gut auch, dass unsere Nachbarn alle von unserem Hundezuwachs wussten. Wer weiß, was sie gedacht hätten, wenn sie durch Zufall Robert in T-Shirt und Shorts mitten in der Nacht im Garten gesehen hätten, während er ständig die gleichen Worte wie im Gebet versunken flüsterte. Vielleicht hätten sie vermutet, dass wir uns einer geheimnisvollen Sekte angeschlossen hätten oder Robert einem magischen Zauber verfallen wäre. Sie waren vorbereitet, dass sie uns in nächster Zeit des Öfteren nachts schlafwandelnd sehen würden und sie wussten, dass es uns nur darum ging, Ipo so schnell wie möglich stubenrein zu bekommen. Ich war gerade wieder eingeschlafen, als Robert und Ipo zurückkehrten. „Braver Ipo", wiederholte er zum x-ten Mal und ich wusste dass wir mit der ersten Erziehungslektion zur Stubenreinheit auf dem Erfolgsweg waren.

Sechs Uhr morgens. Der Wecker bimmelte gnadenlos. Es war bereits hell und die Vögel zwitscherten. Ich schnappte mir Ipo und trug ihn hinaus in den Garten. Schlaftrunken taumelte er durch die Wiese und entledigte sich sofort allem, was auf seine Blase und seinen Darm gedrückt hatte. „Gut gemacht, Ipo. Braver Hund", lobte ich. Müde, aber glücklich legte ich mich wieder schlafen und auch Ipo rollte sich noch einmal ein in seinem viel zu großen Hundekorb. Für den nächsten Slot vergaß ich den Wecker zu stellen. Ich wurde wach und mein Blick wanderte zu Ipo. Er lachte frech aus seinem Hundekorb und ich wusste, es war höchste Zeit, wenn wir uns dem Ziel Stubenreinheit weiterhin in großen Schritten nähern wollten. Ich nahm Ipo auf den Arm und rannte so schnell es ging. Das war gerade noch mal gut gegangen. Ordnungsgemäß erledigte Ipo sein Geschäft. Mit meinen Lobgesängen erntete ich ein hemmungsloses Lachen von Robert, der inzwischen auch aus den Federn kam. Wie lustig, welches Entzücken Pfützchen und Hundehaufen am rechten Fleck auslösen können. „Ipo du bist ein echter Superstar!", rief er und unterstrich seine Bewunderung, indem er Ipo ein Leckerli anbot.

Der Tag danach

Obwohl ich mich eher als Morgenmensch fühle, verrichte ich die Tätigkeiten am Morgen mechanisch. Mein Stoffwechsel braucht gleiche Rituale, um in Schwung zu kommen und meine grauen Zellen werden nur langsam wach. Große Denkaufgaben lösen und konzentriertes Arbeiten fallen mir früh morgens schwer. Robert kannte ich als echten Nachtmenschen. Er lief am Morgen auf Sparflamme. Dafür konnte er bis spät in die Nacht knifflige Aufgaben erledigen und hochkonzentriert arbeiten. Was sich mit Ipos Einzug ändern sollte, denn unser Hund gehörte definitiv nicht zu den Langschläfern. Er war eben ein echter Jagdhund.

Wir hatten gerade den Frühstückstisch gedeckt und schlürften unseren heiß dampfenden, köstlich duftenden Cappuccino ohne viele Worte zu wechseln. Auch wenn die Frühstücksatmosphäre relativ ruhig war, lag eine gewisse Spannung in der Luft. In der Hoffnung, dass sich das gestrige Rennen um den Tisch als einmaliger Ausrutscher entpuppen würde, beobachteten wir beide aus den Augenwinkeln gespannt unseren Welpen. Er schien unsere Blicke so aufzufassen, als dass er jetzt dringend für Action sorgen musste. Er grinste frech und startete sogleich seinen Indianertanz um den Tisch. Ich war verunsichert. Ich dachte wir hätten mit unserem Verhalten

Ipo geradezu ermuntert, ein wenig Trubel in die Frühstücksszene zu bringen. Dabei wollten wir genau das Gegenteil. Wir wollten dieses Affentheater vermeiden. Mit einem Mal war Robert hellwach. Ohne ein Wort zu sagen stand er auf und nahm Ipos Napf aus der Halterung. Er füllte ihn mit Ipos Welpenfutter und stellte ihn demonstrativ neben sich auf den Tisch. Ipo war schlau. Er begriff sofort, dass er gerade im Begriff war, seine Nahrungsquelle zu torpedieren, würde er nicht sofort mit dem Tanz um den Tisch aufhören. Als ob jemand den Stecker aus der Dose gezogen hätte, stand er abrupt still. Er warf sich auf den Boden und legte sich mit einem großen Seufzer flach auf den Bauch. „Siehst du. Ipo kapiert schnell, wer das Regiment über den Futternapf führt", verkündete Robert stolz. Ich war beruhigt. Nur der Gedanke daran, dass wir ab jetzt Ipos gefüllten Futternapf während des Essens auf unserem Tisch platzieren müssten, löste großes Unbehagen bei mir aus.

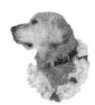

Während ich den Tisch abräumte, beobachtete Ipo jeden meiner Handgriffe mit Argusaugen. Als Robert aufstand, schien Ipo zu verstehen, dass sich die fröhliche Frühstücksrunde jetzt auflöste und die Hoheit über sein Futter nun auf mich überging. Er trippelte hinter mir her und ließ dabei seinen Napf, der noch immer auf dem Tisch stand, nicht aus den Augen. Ich schwor mir, nicht den Fehler vom Vortag zu wiederholen. Ipo würde sein Futter erst bekommen, wenn sämtliche Teller und Tassen im

Geschirrspüler verstaut und die Vorräte wieder an ihrem Platz wären. Obwohl ich mehrmals nahe dran war, Ipos Bettelblick nachzugeben, hielt ich durch. Als ich ihm endlich sein Futter vorsetzte, schnupperte er kurz darüber und rümpfte die Nase. Ich war nicht sicher, ob er damit seinen Unmut ausdrückte, dass er von mir nicht mehr bevorzugt behandelt wurde, oder ob ihm das Futter auf einmal nicht mehr schmeckte. Ich tippte auf Ersteres und schenkte Ipos Verhalten keine Aufmerksamkeit. Wenn er Hunger hat, wird er schon fressen, dachte ich und ging aus dem Raum. Kurze Zeit später hörte ich, wie er sich mit Heißhunger über seine Futterration hermachte.

Wir hatten Ipo bewusst am Wochenende beim Züchter abgeholt, damit wir zumindest die ersten zwei Tage voll und ganz für ihn da sein konnten. Obwohl wir uns nur im Haus und im Garten mit ihm bewegten, hatten wir alle Hände voll zu tun. Ipo hielt sich an den vom Züchter geschilderten natürlichen Rhythmus. Sein Tagesablauf bestand aus spielen, schlafen, sich lösen, fressen und wieder spielen, schlafen und so weiter. Der Übergang von einem Stadium ins nächste fand im Sekundentakt statt. Eben noch tobte er wild mit der lustigen Quietschente, im nächsten Moment fiel er in einen Tiefschlaf, aus dem ihm kein noch so lautes Geräusch holen konnte. Wenn ihn die Müdigkeit übermannte, war es vollkommen egal, wo er sich gerade befand. Innerhalb eines Wimpernschlags fiel er flach auf den Bauch, schnaubte kurz und schlief tief, egal, ob auf der Türschwelle, im Gartenbeet oder auf dem Küchenboden. Es blieb ihm schlichtweg keine Zeit, seinen Schlafplatz aufzusuchen. Also legten wir ihn in den Hundekorb, wo er unserer Meinung nach wesentlich gemütlicher und störungsfrei schlafen konnte.

Der Übergang von der Schlaf- in die Wachphase lief ähnlich abrupt ab. Ipo hob den Kopf. Er öffnete die Augen. Sie funkelten unternehmungslustig und ehe wir es versahen, fegte er bereits wild durch die Gegend. Statt seiner Spielaufforderung nachzukommen, klemmten wir ihn unter den Arm und setzten ihn sogleich auf die Wiese im Garten. Er ließ sofort alles laufen und schien dankbar, dass wir ihn davor bewahrt hatten, seinen Ruheplatz zu beschmutzen. Natürlich trugen auch unsere Lobeshymnen maßgeblich zum Erfolg des Projektziels Stubenreinheit bei. Anschließend lief er zielstrebig zum Futternapf, um seine anstehende Ration zu verschlingen. Soweit so gut. Was den Rhythmus anging, war Ipo schon mal ein ganz normaler Welpe, wie er im Buche stand. Wir hatten soweit alles im Griff. Der Übergang in den Alltag dürfte uns keine größeren Probleme bereiten, dachten wir jedenfalls. Weit gefehlt.

Babyhund im Alltag

Ipos Einzug fiel genau in die Phase, in der ich mich beruflich neu orientierte. Die Aufbauarbeit im Familienunternehmen war beendet. Routinearbeiten konnte ich abgeben und als Freiberuflerin auch für andere Unternehmen tätig werden. Ich verlegte meinen Arbeitsplatz ins Privathaus. Dort richtete ich mir ein Büro ein. Ich war nicht mehr an feste Arbeitszeiten gebunden und konnte mir meine Zeit frei einteilen. Ideal, wenn man einen Welpen hat, dachte ich. Leider hielt Ipo reichlich wenig von Büroarbeit bei der er keine Aufmerksamkeit bekam. Sobald ich den Telefonhörer zur Hand nahm, winselte und jaulte er. „Nein, Ipo" hielt ihn nur kurzzeitig von seinem Jaulkonzert ab. Mit einem Kauknochen war er schon etwas länger beschäftigt. Allerdings war mir auch bewusst, dass ich Ipo nicht mit Kauknochen vollstopfen konnte, damit er sich für bestimmte Zeit ruhig unter dem Schreibtisch verhält. Nachdem er, während eines wichtigen, seiner Meinung nach viel zu langen Telefongesprächs mit einem Neukunden, die Tischbeine anknabberte, setzte ich in kurzerhand in den Garten, um zumindest die wichtigsten Büroarbeiten und Rückrufe erledigen zu können.

Ipo ging sogleich auf Entdeckungstour und bemerkte nicht, dass ich die Terrassentüre hinter ihm schloss. Ich atmete kurz durch und machte mich sofort an die Arbeit. Ipo war ganz ruhig. Kein Bellen, kein Jaulen. Großartig, dachte ich. Das funktioniert. Ich erledigte meine Telefonate zwar im Eiltempo. Allerdings nicht schnell genug, um Ipo davon abzuhalten, tiefe Löcher in den Rasen zu buddeln und unseren Garten in eine Kraterlandschaft zu verwandeln. Ich konnte ihn noch nicht einmal tadeln, denn als ich ihn den Garten zurückkam, schlief er bereits im Schatten unter einem Strauch. Auf seiner Nase klebte die lehmige Erde. Seine Vorderpfoten waren schwarz vor Dreck. Ipo schien zufrieden mit seiner Arbeit und solange ich ihn bei dieser in meinen Augen unliebsamen Tätigkeit nicht auf frischer Tat ertappte, blieb mir nichts anderes übrig, als die Sache mit Humor zu nehmen.

„Das wird sich ändern, wenn Ipo etwas älter ist", versuchte mich Robert zu beruhigen, als er am Abend von der Arbeit kam und den Garten betrat. „Sobald Ipo die letzte Impfung bekommen hat und er groß genug ist, um die Welt außerhalb unseres Hauses zu entdecken, wird sich das normalisieren. Er bekommt dann so viele neue Eindrücke, dass er zu Hause sicherlich ruhiger ist."

„Ja, das hoffe ich. Ich habe das Gefühl, dass Ipo nicht recht weiß wohin mit seiner vielen Energie", erwiderte ich verzweifelt. „Aber das wird sicherlich besser, wenn ich im Alter von vier bis fünf Monaten kleine Erkundungstouren mit ihm unternehmen kann."

Ich arbeitete immer termintreu und zuverlässig. Mir war klar, dass ich mir beim Aufbau neuer Geschäftsbeziehungen keine Ausrutscher leisten konnte. Ipos Verhalten war dem Welpenalter entsprechend, allerdings von meinem beruflichen Standpunkt aus betrachtet alles andere als kooperativ.

Am nächsten Tag sollte ich Druckaufträge kontrollieren und bis zum späten Vormittag die Korrekturen durchgeben. Auch auf die Gefahr hin, dass Ipo seinen Ackerbau weiter betrieb, blieb mir angesichts des Termindrucks nichts anderes übrig, als ihn wieder in den Garten zu lassen. Dieses Mal bin ich schlauer, dachte ich und beobachtete ihn durch das Bürofenster, durch das ich einen Großteil des Gartens einsehen konnte. Ipo stromerte durch den Garten und legte sich auf der Wiese in die Morgensonne. Ich wandte meinen Blick ab und konzentrierte mich auf die Papiere auf meinem Schreibtisch. Die Abstimmung mit dem Mitarbeiter der Druckerei dauerte nicht sehr lange, allerdings lange genug für Ipo, um den niedrigen Maschendraht zum Nachbargrundstück zu überwinden. Ich hatte gerade den Telefonhörer weggelegt, als es an der Haustür läutete. Unsere Nachbarin stand mit Ipo auf dem Arm vor der Tür.

„Ich habe ihn bei uns im Garten entdeckt. Er muss irgendwo ein Loch im Zaun gefunden haben."

Ich war fassungslos. Ipo war gerade mal ein paar Tage bei uns. Man könnte meinen, er habe genug damit zu tun, sich bei uns zurechtzufinden. Stattdessen nutzte er die erstbeste Möglichkeit, um auszubüchsen.

„Danke, entschuldige bitte. Ich werde den Zaun überprüfen. Wir haben sowieso vor, einen höheren Zaun zu ziehen. Ich hätte nicht gedacht, dass er den Zaun bereits als winziger Welpe überwindet."

„Kein Problem. Unsere Hündin hat ihn bereits unmissverständlich klar gemacht, dass sie nichts von seinen Besuchen hält. Ich denke, das wird er nicht noch einmal wagen."

Bei dem Gedanken, dass klein Ipo einer groß gewachsenen Berner Sennenhündin gegenübersteht, die ihm mächtig die Leviten liest, nahm ich auch an, dass er derartige Ausflüge in Zukunft unterlassen würde. Ipo blieb unerschrocken. Ich bin dem Zaunbauer noch heute unendlich dankbar, dass er Überstunden schob, um Ipos Garten noch in der gleichen Woche ausbruchsicher zu machen. Als ich ihn zwei Tage später anrief um ihn zu bitten, den Maschendraht auch nach unten zu verankern, war er entsetzt: „Was, der buddelt unten durch? Das ist doch nicht möglich!"

„Doch", entgegnete ich verzweifelt. „Er dachte vermutlich, wenn er oben nicht mehr durchkommt, versucht er es eben unten durch. Ipo ist wie ein Schaufelradbagger. In Windeseile gräbt er so tiefe Löcher, dass er hindurchpasst."

Innerhalb einer Woche verkürzten wir zweimal den wohlverdienten Feierabend des Handwerkers. Nur gut, dass er ein Hundeliebhaber war und Ipo die Sache nicht übel nahm. „Du bist mir ein Früchtchen", sagte er und streichelte Ipo. „Jetzt ist es vorbei. Jetzt kannst du nicht mehr auf die Stanz gehen." Tatsächlich hatte er den Zaun so befestigt, dass vermutlich selbst ein Regenwurm Schwierigkeiten hat, ihn zu überwinden.

Hausarrest oder Familienzusammenführung?

Trotz Ipos unstillbarem Drang nach Außenkontakten hielten wir uns weiterhin an die Energie raubenden Ratschläge unseres Züchters, Ipo bis zur letzten Impfung im Haus und Garten zu behalten. Jetzt war auch die Zeit, in der bei Ipo verankert wurde, wer seine Bezugspersonen sind. Lernt er nur uns und unser Heim und Garten kennen, ist mangels Masse klar, dass Ipo uns als seine wichtigsten Familienmitglieder betrachtet und den jetzigen Wohnort als seine Heimat anerkennt. Selbstverständlich nur dann, wenn wir uns in dieser Lebensphase auch ausgiebig mit ihm beschäftigen. Zudem wollten wir die Zeit nutzen, um mit Ipo die ersten Schritte der kleinen Welpenerziehung erst einmal ohne Ablenkung zu absolvieren.

Es war ein Jahrhundertsommer. Ein Tag war schöner und wärmer als der andere. „Mittelmeerflair in Deutschland", tönte es aus dem Radio. „Auf an den Badesee oder in den Biergarten." Statt die lauen Sommerabende beim Baden oder Radeln zu genießen, saßen wir mit Ipo bei uns im Haus und erfreuten uns daran, wenn er selbständig den Garten aufsuchte, um sich zu lösen. Unser südländisches Flair bestand aus einem Glas italienischen Rotwein und einer Pizza vom Heimdienst, die wir auf unserer Terrasse genossen. Ipos Streifzüge durch die Blumenbeete lockerten die Stimmung auf. Fast wäre so etwas wie Urlaubsfeeling aufgekommen. Fehlte nur, dass wir uns auch entspannt zurücklehnen konnten. Daran war überhaupt nicht zu denken, denn zumindest ein Augenpaar musste ständig unser vierbeiniges Energiebündel beobachten. Es galt Flausen in Ipos Kopf rechtzeitig zu erkennen und je nach Situation mit einem scharfen „Nein" oder „Pfui, Ipo" zu unterbinden.

Weder ich noch Robert haben einen grünen Daumen. Bei der Bepflanzung des Gartens hatten wir die Empfehlungen eines befreundeten Gärtners umgesetzt. Wir hatten nur Bäume und Sträucher gepflanzt, die genügsam waren. Blüher, die wir ständig gießen oder anspruchsvolle Pflanzen, die wir düngen hätten müssen, kamen für uns nie infrage. In Bezug auf die Pflanzenwahl war unser Garten bereits sehr hundefreundlich. Einmal im Jahr kippten wir Rindenmulch auf die Beete. Er verhindert im Sommer das Austrocknen der Erde und im Winter kann Dauerfrost den Pflanzen nichts anhaben. Angenehmer Nebeneffekt – Ipos Pfoten blieben auf seinen Streifzügen selbst bei Matschwetter sauber. Dass Ipo Rindenmulch auf seinen Speiseplan setzen könnte, daran hatten wir wahrlich nicht gedacht.

„Wir hätten feine Mulchqualität ausbringen sollen", rief ich verzweifelt, als ich Ipo zum wiederholten Mal ein Holzstück aus dem Maul zog. „Ipo wetzt sich mit Vorliebe die Milchzähne an den größeren Mulchstücken. Für ihn ist der Mulch so etwas wie das Schlaraffenland der hölzernen Hundeknochen."

„Den feinen Ridenmulch kannst du dir sparen. Er fliegt beim kleinsten Windstoß davon", erklärte Robert fachmännisch.

Während wir angeregt über die richtige Mulchqualität diskutierten, versuchte Ipo ein Holzstück hochzuwürgen, das in seinem Schlund steckte. Während Robert darauf vertraute, dass sein junger Welpe die Sache alleine regelte, bekam ich bei jedem Hustenanfall schreckliche Angst um Ipo. „Was ist, wenn er daran erstickt?", fragte ich. Ohne eine Antwort zu geben, kam mir Robert zu Hilfe. Er öffnete Ipos Maul, damit ich das Holzstück entfernen konnte. Nicht nur wegen der fachmännischen Entfernung diverser Mulchstücke aus dem Schlund seines Hundes, würde ich heute jedem Hundebesitzer anraten, eine chirurgische Grundausbildung zu absolvieren. Denn auch auf das Entfernen von Zecken in jeder Lebenslage oder das fachgerechte Verbinden von abgerissenen Krallen bis hin zur Versorgung von offenen Wunden sollte man als Hundebesitzer vorbereitet sein.

So unbeugsam Ipo im Garten war, umso gelehriger war er auf anderen Gebieten. Der Nachtdienst verkürzte sich auf einmaliges Aufstehen. Wir wechselten uns täglich ab, damit zumindest einer von uns beiden durchschlafen konnte. Bald würde Ipo nachts nicht mehr raus müssen. Wir waren auf dem besten Weg.

Ipo gewöhnte sich schnell an feste Futterzeiten und akzeptierte das Ritual, dass er stets nach uns gefüttert wird. Anstandslos ließ er sich Kauknochen aus dem Maul oder die Futterschüssel unter der Nase wegziehen. Kein Knurren, kein Verteidigen seiner Mahlzeit. Das stimmte uns positiv. Selbst sein Lieblingsspielzeug durfte man ihm jederzeit wegnehmen.

Jetzt wollten wir Ipo schrittweise daran gewöhnen, dass er auch mal alleine bleiben muss. Ich begann damit, den Müll rauszutragen und ihn im Haus zurückzulassen. Ipo blieb ruhig und freute sich nach meiner Rückkehr, als wäre ich Stunden weg gewesen. Ich lobte ihn und dehnte die Zeit weiter aus. Ipo hatte keine Angst, ich könne nicht zurückkommen. Ich bat meine Nachbarin an der Tür zu horchen, wenn ich mit dem Auto kurz wegfuhr. Nur selten hörte sie Ipo winseln. Irgendwie schien er gewiss: Die kommt wieder. Was das Alleinbleiben anging, hatten wir einen recht pflegeleichten Hund. Ipo war selbstbewusst genug, um die Zeit ohne sein Menschenrudel stressfrei zu bewältigen.

Eines Morgens hatte ich einen Zahnarzttermin, der leider etwas länger dauern würde. Robert hatte wichtige Geschäftstermine und unsere Nachbarin war auch nicht verfügbar, um nach einer gewissen Zeit bei Ipo nach dem Rechten zu sehen. Wird schon gut gehen, dachte ich, als ich mich von Ipo verabschiedete. Als ich zurückkam, begrüßte mich Ipo freudig wie immer. Ich öffnete ihm die Tür zum Garten und sah das Malheur. Ipo hatte sichtlich Langeweile gehabt, die er an unserem Orientteppich ausgelassen hatte. In eine Ecke hatte er sich zum Zeitvertreib regelrecht verbissen. Zerfranst und zersaust lag unser Edelstück vor mir. Ich ärgerte mich nur kurz, denn ich ahnte, dass ich ihn zu lange allein gelassen hatte. Ich hakte den Vorfall ab, was sich als richtige Vorgehensweise herausstellte. Beim nächsten Mal blieb ich wieder kürzer weg und wir schlossen nahtlos an unsere Erfolgserlebnisse an.

Es wurde immer schwerer, Ipos überbordende Lebensfreude und -energie allein durch die Lerneinheiten in Haus und Garten in die richtigen Bahnen zu lenken. Er tobte wild durch die Gegend. Seine Energie und seine Freude am Lernen lebte er aus, indem er spielerisch die Welt erkundete. Ipo überschlug sich vor Freude, wenn wir die Spielzeugkiste hervorholten. Bälle zurückbringen gehörte schnell zu seinen Lieblingsbeschäftigungen. Unaufhörlich hechtete er im Garten den fliegenden Objekten hinterher. Während er sich beim Erlernen anderer Grundkommandos nur kurze Zeit konzentrieren konnte, war er unermüdlich im Zurückbringen versteckter oder geworfener Sachen. Sie hatten Suchtpotential und Ipo verfiel beinahe in einen Apportierrausch. Die Freude am Apportieren ist einem Retriever wirklich in die Wiege gelegt. Was er als apportierfähig einstuft ist nicht mehr vor ihm sicher. Solange sich die Apportierfreude auf Hundespielzeug beschränkt, ist das vollkommen in Ordnung. Ipos Einfallsreichtum was die Apportierfähigkeit von Gegenständen betrifft, schien grenzenlos. Schnell dehnte er die Bringfreude auf alles aus, was nicht niet- und nagelfest war: Schuhe, Socken, Brottüten. Nicht etwa, dass wir ihn dazu aufgefordert hätten. Bei der Verteilung des Apportiergens hatte Ipo anscheinend besonders laut

„Hier!" geschrien. Wir mussten uns wohl oder übel daran gewöhnen, dass ab sofort viele unserer Kleidungsstücke und Lebensmittel angesabbert sind. Wir trösteten uns damit, dass Ipo dafür weitgehend darauf verzichtete, Dinge zu zerfetzen. Er lieferte alles unversehrt ab.

Ipo bewegte sich viel und wir hofften nicht zu viel. Der Züchter und andere Hundekenner bläuten uns ein, einen Welpen auf keinen Fall zu überfordern. Die Knochen sind noch sehr weich. Sehnen und Skelett sind noch nicht gefestigt. Überfordert man einen Welpen und geht er ständig an seine Grenzen, können später erhebliche gesundheitliche Schäden auftreten. Wie aber soll man einen durchgeknallten Golden Retriever zur Vernunft bringen? Wir taten uns schwer damit, Ipo immer wieder zu bremsen. Liebend gerne wären wir mit ihm einfach spazieren gegangen, bis er hundemüde war. Aber wir hätten uns nie verziehen, wenn er aufgrund unseres unverantwortlichen Verhaltens gesundheitliche Probleme bekommen hätte. Die Tatsache, dass wir beide mittlerweile kaum noch Zeit hatten um Sport zu treiben, machte es uns noch schwerer, vernünftig zu bleiben. Seit Ipos Einzug hatten wir einige Kilo mehr auf den Rippen. Während wir bei Ipo peinlich darauf achteten, dass er schlank blieb, mussten wir zusehen, wie wir in die Breite gingen. Zu abendlichen Sportrunden im Alleingang fehlte uns einfach die Energie.

Das kleine Welpeneinmaleins

Wir nahmen uns fest vor, bald wieder regelmäßig Sport zu treiben. Jetzt gehörte unsere gesamte Aufmerksamkeit unserem Welpen und dem Erlernen der wichtigsten Grundkommandos. Auf seinen Namen hörte er bereits sehr gut. Das Zauberwort „Ipo" ließ ihn zumindest immer kurz innehalten und aufsehen. Er wusste, dass er damit gemeint war. Für den Bruchteil einer Sekunde hatten wir seine ungeteilte Aufmerksamkeit. Das Wort „Nein" war hingegen weniger tief verankert. Sämtliche Retrieverhalter waren sich einig: Retriever sind leichtführig. Man braucht sie nur scharf anzusehen und mit einem konsequentem „Nein" unerwünschtes Verhalten unterbinden. Man muss die Aussage nur bestimmt, keinesfalls laut aussprechen. Der Retrieverwelpe würde schnell lernen, dass alles was man mit „Nein" bezeichnet, für ihn verboten ist. Von wegen. Selbst wenn man Ipo gegenüber ein äußerst scharfes „Nein" äußerte, blickte er nur kurz, auf um dann mit verstärkter Intensität in seinem Tun fortzufahren. Erwischte ich ihn zum Beispiel im Garten beim Löcher buddeln, rief ich „Nein, Ipo". Er sah kurz auf. Aus seinen Augen blitzte Begeisterung. Und sofort war er mit Feuereifer wieder bei der Sache. Robert erging es nicht besser. Selbst wenn wir die Lautstärke erhöhten oder den Tonfall änderten, schien sich Ipo nichts aus Verboten zu machen. Wir waren ziemlich verzweifelt. Für ein harmonisches Zusammenleben war es unerlässlich, Ipo in seine Grenzen zu weisen, wenn er im Begriff war, etwas zu tun, was er unserer Meinung nach nicht tun sollte. „Nein" sollte ihn daran hindern, zu uns ins Bett zu steigen. „Nein" sagte ich, wenn er mit dreckigen Pfoten an der Terrassentüre stand und ins Wohnzimmer laufen wollte, ohne mir Gelegenheit zu geben, sie zu säubern. „Nein" sagte ich, wenn Ipo an mir hochsprang, weil ich ein köstlich duftendes Brot kaute. „Nein" hörte Ipo, wenn er zur Haustüre hinauslief, wenn ich sie nur einen Spalt geöffnet hatte, um einen Gast zu begrüßen. „Nein" hörte er, wenn er versuchte, den Kindern ihr Eis streitig zu machen, während sie genüsslich daran lutschten. In unseren Augen gab es unzählige Möglichkeiten für ein berechtigtes „Nein". Wir mussten nur noch Ipo davon überzeugen, dieses auch zu befolgen. Wir waren kurz davor aufzugeben und den Züchter um seinen Rat zu bitten, als Robert das Nein mit einem zarten Griff in das Nackenfell von Ipo unterstrich. Er ließ sofort ab und akzeptierte das gesetzte Verbot. Ich erinnerte mich an Ipos strenge Mutter, die Ipo ständig am Nackenfell zupfte und ihn damit zur Räson brachte. Ich hoffte nur, dass der beherzte Nackengriff mit der Zeit überflüssig würde.

Die gesteigerte Version von „Nein" war „Pfui". Wir wollten den Begriff sparsam einsetzen und nur dann verwenden, wenn Ipo an etwas Ekliges oder Gesundheitsschädliches dran ginge. Wenn er zum Beispiel die großen Holzstücke aus dem Rindenmulch zog und darauf herumkaute, obwohl er sie schon mehrmals erbrochen hatte.

Oder wenn er den Katzenkot einem Geschmackstest unterziehen oder sich darin wälzen wollte. Entgegen unserer Erwartungen entwickelte sich „Pfui, Ipo!" zum Dauerbrenner.

Ipo den Sinn von „Schluss" zu vermitteln, war ähnlich schwierig. Warum aufhören mit etwas, was einem so viel Spaß und Freude macht? Normal darf ich das auch, schien seine Antwort. Aber alles hat einmal sein Ende, auch wenn Ipo das nicht einsehen wollte. Ich fand es schön, wenn Ipo im Büro Papierblätter herumtrug. Allerdings war ich auch da, um zu Arbeiten und fand nach dem zehnten Papierfetzen sei es genug. Ipo war ein echter Dauerbrenner wenn er mal Gefallen an etwas gefunden hatte und deshalb war „Schluss Ipo" ein sinnvolles Kommando, um ein Überborden zu verhindern. Auch ein Spiel ist mal zu Ende. „Schluss" hieße ja nicht, dass wir nie wieder mit der Quietschente spielen würden. Es bedeutete lediglich: Im Moment ist es genug. Ich bin sicher, dass Ipo das schnell verstanden hatte. Nur gab er eben ungern das Zepter aus der Hand und hätte gerne selbst bestimmt, wann er genug hatte.

„Aus" war eine der leichtesten Übungen. Vor allem dann, wenn man etwas sehr attraktives, fressbares als Ersatz anbot. Und schließlich war das Loslassen ein Teil der Apportierarbeit. In diesem Sinne war es für einen Retriever ein leicht erlernbares Kommando. Es gab aber auch durchaus Situationen, in denen es Ipo sichtlich Spaß machte, uns an der Nase herumzuführen. Er schnappte sich schon mal den Putzlappen und floh vor mir. Meine Putzwut ließ mich alle Benimmregeln vergessen. Ja, ich lief sogar meinem Welpen hinterher, was jeder zum „No Go" in der Hundeerziehung erklärt. Ipo dachte vermutlich, man könne seine Zeit mit etwas Sinnvollerem und Unterhaltsameren verbringen als mit Putzen. Darin war es sich mit Robert einig. Dass mit Ipos Einzug der Zeitaufwand für ein blitzblankes Heim sprunghaft anstieg, schien beide nicht zu interessieren. Im Gegensatz zu mir legten die beiden keinen großen Wert auf gewienerte und glänzende Böden.

Das Kommando „Hier" wollten wir festigen, ehe wir mit Ipo zu Spaziergängen aufbrachen. Ipo in jeder Situation zurückrufen zu können, war unser erklärtes Endziel. Neben den Basisbefehlen „Sitz", „Platz" und „Bleib" sollte vor allem das unfehlbare, sofortige Zurückkommen funktionieren. Wir begannen damit, plötzlich schnell von Ipo wegzulaufen. Da er uns anfangs gerne ständig auf den Fersen war, trabte er neugierig hinter uns her. Während er auf uns zukam, riefen wir „Hier, Ipo!". Das Heranrufen funktionierte immer besser. Gerade als wir dachten, wir hätten „Hier" perfekt konditioniert, machte uns Ipos Hang nach Abwechslung einen Strich durch die Rechnung. Ihn schien das Spiel auf einmal zu langweilen. Wenn wir von ihm wegliefen, hielt er kurz inne. Allerdings sah er keinen Sinn darin, uns sofort zu folgen. Die kriegen sich schon wieder ein, schien er sich zu denken und blieb bei dem, was ihm gerade wichtig war. „Hier" zog nicht einmal dann, wenn er ohne Ablenkung war. Ipo hatte die

Erfahrung gemacht, dass wir ihm im Haus und Garten nicht abhanden kommen. Sein Kontrollbedürfnis uns immer und überall zu folgen, ging spürbar zurück.

„Wir verlegen das Zurückrufen nach draußen. Wenn Ipo in eine Umgebung kommt, die er nicht kennt, wird er uns nicht mehr aus den Augen lassen", schlug Robert vor.

„Ja, das ist dann unsere Chance", erwiderte ich.

Wir stellten die Lektion zurück und erinnerten uns an die Politik der kleinen Schritte. Ipo hatte ihn den vergangenen zwei Wochen bereits viel hinzu gelernt und den Rest würden wir auch noch hinkriegen.

In unserer Gegend gab es weder eine Hundeschule geschweige denn Welpenspielstunden. Der nächste Ausbildungsplatz war über eine Autostunde von uns entfernt. Sozialisierung und Erziehung mussten wir auf eigene Faust organisieren. Die Hundepopulation war in unserem dreitausend Seelendorf überschaubar. Wir fühlten bei anderen Hundebesitzern vor, ob sie bereit wären, mit ihren Hunden Ipos Ausbildung zu unterstützen. „Kein Problem. Das machen wir gerne", versprachen sie. Sie konnten sie sich gut an die Welpenzeit ihrer Hunde erinnern und daran, wie dankbar sie damals um jede Begegnung mit einem Artgenossen gewesen waren. Zum Glück kannten sie Ipo bis dahin nur aus Erzählungen. Sein außergewöhnlich lebhaftes Temperament hatten bisher nur wir kennengelernt. Noch bevor Ipo die Außenwelt erkunden durfte, war sein Terminkalender bereits gefüllt mit Verabredungen zum Spiel und zu kurzen Spaziergängen mit anderen Hunden. Sobald er die letzte Impfung bekommen hatte und gegen Tollwut geschützt war, würden wir uns mit Ipo ins Abenteuer stürzen und die Welt da draußen gemeinsam mit ihm erobern. Abenteuertouren war zwangsweise auch mit Autofahrten verbunden. Seit der negativen Erfahrung bei der Abholung vom Züchter hatte Ipo dieses Ungeheuer auf vier Rädern gemieden. Er war allerdings alles andere als ängstlich und zögerlich. Er stürzte sich mit Eifer in jede neue Herausforderung. Aber sobald wir uns nur dem Auto vor der Haustüre näherten, lief er umgehend ins Haus zurück und verzog sich in den hintersten Winkel unter der Treppe. Mit ängstlichen Augen blickte er hervor und signalisierte, dass ihn keine zehn Pferde herausbringen würden. Auch wenn die landläufige Meinung lautet, dass Golden Retriever begeisterte Autofahrer sind, hatte in Ipos Augen das Ungetüm keine zweite Chance verdient. Während Ipo anscheinend schon beim Gedanken ans Auto fahren übel wurde, befiel uns das schlechte Gefühl beim Gedanken daran, dass wir mit unserem Hund dazu verdammt waren, zu Hause zu bleiben, nur weil er mit dem Auto fahren so überhaupt nichts am Hut hatte. Wir ließen nichts unversucht, Ipo die rollende Hundehütte doch noch schmackhaft zu machen. Wir setzten uns gemeinsam mit ihm ins Heck des Autos und feierten Party mit Pansensticks und Spieltauen. Wir starteten nicht einmal den Motor. Das Auto stand still und rührte sich keinen Millimeter. Ipo wurde bereits vom Sitzen im Auto hundeübel. Er speichelte, würgte und übergab sich, ohne dass wir nur einen Kilometer gefahren waren. Seine Panik steigerte sich weiter, bis wir uns geschlagen gaben und die Autoeingewöhnungsphase abbrachen. Sobald wir Ipo aus dem Auto hoben, war er wieder fröhlich und putzmunter. Es bestand kein Zweifel. Ipo war der erste Golden Retriever mit einer Autophobie.

„Großartig. Das hat uns gerade noch gefehlt", seufzte ich und setzte mich geschafft auf die Treppenstufe am Hauseingang.

Robert nahm mich in den Arm. „Das bekommen wir schon noch hin", versuchte er mich zu trösten. „Bis zu unserem Urlaub im September ist Ipo sicherlich der beste Autofahrerhund der Welt."

„Hoffentlich", erwiderte ich und konnte schon wieder lächeln. „Wir wollten doch mit ihm nach Sardinien ans Meer. Das liegt nicht gleich um die Ecke und zu Fuß ist es auch nicht erreichbar."

Robert freute sich, dass ich meinen Humor nicht ganz verloren hatte und ging zurück ins Haus. Wir durchforsteten alle Informationsquellen und suchten nach Tipps, wie wir für Ipo das Autofahren wieder in etwas Positives ummünzen konnten. Der Apotheker riet zu Ingwer-Pulver. Der Tierarzt setzte auf speziell für Hunde entwickelte Tabletten zur Verhütung der Symptome von Reisekrankheit wie Schwindelgefühl, Übelkeit und Erbrechen. Egal worin wir diese winzigen Dinger versteckten, Ipo spürte sie auf und spuckte sie sofort wieder aus. Selbst mit Leberwurst ummantelt verschmähte er sie.

Ich erinnerte mich, wie ich als Kind mit Reiseübelkeit zu kämpfen gehabt hatte. Der Weg in den Urlaub war für meine Eltern alles andere als entspannt gewesen. Ich hatte die Reisetabletten nicht schlucken können und sie selbst dann sofort entdeckt, wenn sie im Frühstückbrot, in leckeren Biskuitkeksen oder in meinen Lieblingsschokoriegeln versteckt gewesen waren. In der Zeit, in der wir die Strecke zur italienischen Adria zurückgelegt hatten, machten andere eine Weltreise. Die Waschmaschine hatte zur wichtigsten Grundausstattung am Urlaubsort gehört, denn bis zur Ankunft hatten bereits einige Sommerkleider grausam unter meiner Reiseübelkeit gelitten. Alle hatten geglaubt, dass ich mir die Reisekrankheit nur einbildete und mein Bruder hatte mich eine verzogene Göre geschimpft.

Während ich in meiner Kindheit verweilte, hatte Robert mit einem Freund telefoniert, dessen Hund anfangs ebenfalls schreckliche Angst vor dem Autofahren hatte und diese dank dem Einsatz von Bachblüten überwand. Er verabreichte seinem Hund Notfalltropfen. Die Mischung besteht aus fünf Bachblütenessenzen, die in besonderen Stress- und Schocksituationen dabei helfen das seelische Gleichgewicht zu stabilisieren. Auch auf die Gefahr hin, von anderen als verrückt erklärt zu werden, weil wir Hokuspokus-Methoden anwanden, sah ich darin eine Chance, dass sich Ipo doch noch zu einem autofahrerfesten Hund entwickelte. Ipo hatte schlichtweg Angst, dass er mit dem Auto von uns weggebracht wird, so wie er es von seinen Geschwistern und seiner Mutter erlebt hatte. Er war der erste, der von seinem Rudel getrennt wurde und obwohl er ein sehr selbstbewusster Welpe war, saß der Trennungsschock tiefer als gedacht. Wie sonst sollten wir uns erklären, dass Ipo im Auto übel wurde, obwohl es sich überhaupt nicht bewegte? Sein System schien komplett zu blockieren und Bachblüten könnten dabei helfen diese Blockade zu lösen. Wir mischten die Tinktur entsprechend der Angaben und gaben Ipo dreimal täglich davon.

Nach einigen Tagen nahmen wir das Trauma Autofahren erneut in Angriff. Im Heck war Ipo ruhiger als sonst. Wir wagten das Experiment einer nicht der Straßenverordnung entsprechenden Fahrt indem ich mich zu Ipo ins Heck des Autos setzte. Vermutlich bogen sich die Anwohner vor Lachen, als sie mich im Gepäckraum entdeckten. Am liebsten wäre ich im Erdboden versunken. Ich sah schon die Schlagzeilen in der Lokalzeitung. „Verrückt vor Hundeliebe. Frauchen fährt mit Hund im Gepäckraum des Autos spazieren." Um Ipo ans Autofahren zu gewöhnen, war mir jedes Mittel recht, auch wenn ich mich damit zum Affen machte. In meiner Begleitung fiel das Ergebnis gut aus. Laut Kilometerstandsanzeige legten wir gerade mal neunhundert Meter zurück. Unser Hund blieb gelassen. Wir begossen den für uns großen Erfolg mit einem Glas Prosecco und fuhren am nächsten Tag mit dem Training fort.

Dieses Mal setzte ich mich auf die Rücksitzbank. Ipo blieb alleine im Heck. Wir steigerten die Fahrtdistanz bis auf zwei Kilometer und außer einem leichten Würgen hielt sich Ipo wacker. Am nächsten Tag ging es in die nächste Phase. Ich setzte mich vorne auf den Beifahrersitz. Robert fuhr los. Ipo war scheinbar gelassen. Zumindest hörten wir kein aufgeregtes Hecheln. Plötzlich tauchte er zwischen den Sitzen auf und erklomm Roberts Schoß. Ipo hatte sich an den Gitterstäben des Absperrgitters vorbeigequetscht und sich tatsächlich bis zu den Frontsitzen vorgearbeitet. Kaum zu glauben, dass ihm das gelungen war. Wir waren erst mal glücklich, dass wir uns weitgehend ohne Komplikationen der zehn Kilometer Distanz näherten. Allerdings sahen wir bei dieser Methode zur Liebgewinnung des Autofahrens einige Probleme auf uns zukommen. Ipo war irgendwann erwachsen und mit fünfunddreißig Kilo fände er schwerlich Platz auf dem Schoß des Fahrers. Die Vorstellung, dass Ipo nach einem Spaziergang bei Matschwetter darauf besteht, auf den vorderen Sitzen Platz zu nehmen, fanden wir nicht besonders prickelnd und so blieb uns nichts andere übrig, als anzuhalten und Ipo wieder hinten im Heck zu verstauen. Er probierte noch einige Male, uns weich zu machen, indem er würgte und hechelte und spuckte sogar auf seine Decke. Aber als wir nicht reagierten, gab er sich geschlagen. Anscheinend dämmerte es ihm, dass Autofahren weniger schlimm war, als gedacht. Uns fiel ein Stein vom Herzen, denn die Fähre nach Sardinien war gebucht und der Campingbus bereit für Reiseabenteuer.

Draußen spielt das Leben

Uns blieben noch gut sechs Wochen, ehe wir in den ersten Urlaub mit Ipo starteten. Bis dahin wollten wir ihn in die große weite Welt außerhalb von Haus und Garten einführen. Mit gerade mal zwölf Wochen war der ideale Zeitpunkt, um ihn zu sozialisieren, wie es im Fachjargon heißt. Dazu gehörten Stadtaufenthalte, Restaurantbesuche, Begegnungen mit fremden Menschen und anderen Artgenossen. Ipo sollte alle möglichen Situationen kennenlernen, denen er in seinem zukünftigen Leben begegnen könnte. Er war sehr neugierig und unerschrocken gegenüber allem Neuen. Es machte ihm sichtlich Spaß, Abenteuer zu erleben und neue Eindrücke zu gewinnen. Er war auf dem besten Weg, sich zum unkomplizierten Begleiter in allen Lebenslagen zu entwickeln. Nur von der Vorstellung, dass ein Hund so mitläuft, mussten wir uns verabschieden. Wir waren tatsächlich so blauäugig gewesen und hatten gedacht, dass Ipo einfach so nebenher läuft. Ist er erst mal stubenrein und aus dem Gröbsten raus, dachten wir, ist das meiste geschafft. Weit gefehlt. Ipo hatte uns schnell gelehrt, dass er unsere ganze Liebe, Zeit und Aufmerksamkeit braucht, um ein gut erzogener Vierbeiner zu werden. Ipo entwickelte sich zum Mittelpunkt unseres Lebens. Innerhalb weniger Wochen hatte er es geschafft, dass sich alles nur um ihn drehte. „Blöd gelaufen", würde ein Nichthundebesitzer sagen, während einem Hundehalter ein Lächeln und ein „Das war doch klar!" über die Lippen kommen würde.

Bei unserem ersten Ausflug in die Stadt schlängelte sich Ipo gekonnt zwischen den Menschenbeinen hindurch. Es schien ihm sichtlich Spaß zu machen, um die Beine der Menschen zu tanzen. Er war so beschäftigt mit seinem Slalomlauf, dass er beinahe vergaß, die fremden Gerüche seiner Artgenossen zu analysieren. Allerdings waren wir auf unserer gemeinsamen Besorgungstour im Schneckentempo unterwegs. Schon nach wenigen Metern wurde mir bewusst, dass ich die Einkaufliste kürzen oder Ipo mit Robert im Café absetzen musste, wollten wir vor Anbruch der Nacht wieder zu Hause sein. Unser blonder Jüngling auf vier Pfoten hatte magische Anziehungskräfte, angesichts derer jeder männliche Zweibeiner ab der Pubertät bis zum Seniorenalter vor Neid erblassen würde. Ständig warfen sich Frauen und Kinder vor ihm auf den Boden, um ihn zu streicheln. „Du bist aber ein besonders hübscher", riefen sie entzückt. Ipo genoss sichtlich die Streicheleinheiten. Er warf sich auf den Rücken und ließ sich von wildfremden Menschen genüsslich am Bauch kraulen.

„Ich gehe mit Ipo ins Café. Wir warten dort, bis du von deinen Besorgungen zurück kommst", sagte Robert.

„Gute Idee", erwiderte ich und huschte im Eiltempo durch die Geschäfte, um so schnell wie möglich wieder zurück zu sein.

Als ich kurz später an der Eisdiele ankam und die Menschentraube sah, die sich rund um unser vierbeiniges

Familienmitglied gebildet hatte, stellte ich fest, dass meine Hetzjagd nach Lebensmitteln und Haushaltsartikeln vollkommen überflüssig gewesen war. Ipo amüsierte sich prächtig. So sehr ich mich über Ipos schnell gewachsenen Freundeskreis freute, so groß waren meine Bedenken, dass unsere Pelznase denken könnte, dass wildfremde Menschen im Restaurant bei seinem Erscheinen den Platz verlassen und sich zu ihm unter den Tisch setzen würden. Ich schob den Gedanken gleich wieder von mir.

Mittlerweile hatte ich gelernt, mir bei Ipos Erziehung keine großen Gedanken zu machen nach dem Motto: was wäre wenn. Stattdessen musste ich situationsbedingt, blitzschnell die richtigen Entscheidungen treffen und sofort Handeln. Hundeerziehung hatte für mich viel gemein mit Managementtrainings für Führungskräfte. Zeigt ein Chef Unsicherheit oder handelt zögerlich, überträgt sich das sofort auf die Mitarbeiter. Handelt er dagegen konsequent und entschlossen, dann bildet sich auch ein starkes Team. Den Weg zurück zum Auto absolvierte Ipo mit Bravour. Während er anfangs zögerlich die Straße überquerte, hatte er auf dem Rückweg den Respekt vor den Autos verloren. Schon wieder drängte sich ein unliebsamer Gedanke auf: Was, wenn Ipo in seinem Übermut sprichwörtlich unter die Räder kommt? Blödsinn, dachte ich und schob die Vorstellung gleich wieder weit von mir. Ipo hielt sich eng an Robert, der ihn mit entschlossenem Schritt führte. Ipo fühlte sich sicher. Der erste Stadtbesuch war mehr als geglückt. Geschafft, aber stolz legten wir die Beine hoch und beobachteten Ipo, wie er auf seiner Hundedecke schlief. Seine Pfoten zuckten wie wild, als würde er im Traum alle seine Eindrücke noch einmal verarbeiten.

Mit Hund entdeckten wir die Vorzüge des Landlebens aufs Neue. Die Wiese hinter unserem Haus entpuppte sich als Treffpunkt der Hundebesitzer. Ganz gleich zu welcher Tageszeit wir dort auftauchten, wir fanden fast immer einen Kollegen, mit dem Ipo spielen konnte. Wir hielten uns an die Empfehlung der Erziehungsratgeber, ausgedehnte Spaziergänge durch die Botanik mit Ipo erst dann zu unternehmen, wenn Knochen, Bänder und Skelett gefestigt und belastbar sind. Allerdings wunderten wir uns, dass ein Spiel unter Hunden minder belastend für die Knochen eines Welpen sein soll. Da wird gesprintet, gestoppt, am anderen hochgesprungen, auf den Rücken gerollt, die Pfote draufgehalten oder auch mal dem Welpen an die Kehle gegangen, wenn er den Mund zu voll nimmt. Und bei Ipo war das weiß Gott häufiger der Fall. Manchmal rauften die Hunde wie wild gewordene Kerle und knurrten beängstigend. Auf dem Fußballplatz dahinter wären sämtliche solcher Spielzüge als derbe Regelverstöße geahndet worden und hätten oftmals mit einem Platzverweis geendet. Im Spiel unter Hunden wurden Tätlichkeiten als Maßregelung akzeptiert. Alle Ratgeber waren sich jedenfalls einig, dass das, was wir erlebten, natürliche Bewegungsabläufe sind, die einem Welpen nicht schaden. Vielmehr wird bei diesen Spielen die Grundlage gelegt, wie der Hund später mit Artgenossen umgeht und wie sozial sicher er mit fremden Hunden verkehrt. Wir hatten bald ein geschultes Auge dafür entwickelt, von welchen Spielkameraden Ipo lernen konnte und konnten den Umgangston einschätzen. Ipo war alles andere als zimperlich. Nur selten hörte man einen Welpenschrei, wenn ein anderer Hund zu grob wurde. Dominanteren und älteren Hunden ordnete er sich sauber unter und immer öfter mimte er mal den Anführer, wenn sich jüngere und kleinere Hunde dazugesellten. Irgendwie war die Sache ja auch ganz praktisch. Nach zehn Minuten Spiel packten wir unseren Welpen unter den Arm und gingen mit ihm nach Hause, wo er nach Futter- und Wasseraufnahme sofort in den Tiefschlaf fiel. Ich genoss diese ruhigen Minuten, in denen ich ungestört meiner Büro- und Hausarbeit nachgehen konnte.

So unbeschwert und neugierig wie sich Ipo fremden Hunden näherte, so unbekümmert und freundlich lief er wildfremden Menschen entgegen. Juhu, ein Spielkamerad auf zwei Beinen, schien sein Gedanke zu sein, wenn sich ein Zweibeiner näherte. Vor allem beim Anblick von Kindern war er nicht mehr zu halten. Er sauste auf sie zu, stoppte zum Glück kurz vor ihnen ab und leckte ihnen das Gesicht. Letzteres quittierten die Mütter mit einem ernsten Stirnrunzeln. Ich versuchte so gut es ging dieses Lecken zu unterbinden, aber Ipo war meist so wuselig und schnell, dass es mir nicht immer gelang. Mit der Aussage, Ipo sei entwurmt, betrieb ich Schadensbegrenzung. Kinder im Grundschulalter waren genau auf Ipos Höhe und ebenso unerschrocken wie er. Sie ließen Schulranzen und Mütter stehen und stürmten auf Ipo zu. Sie umarmten, drückten und streichelten ihn. Nachdem Ipo sie leckte, wischten sie sich mit dem Handrücken einmal kurz übers Gesicht und nickten zustimmend, als die Mutter noch hinterherrief, sie sollten sich in der Schule doch bitte gleich die Hände und das Gesicht waschen.

Unser morgendlicher Spazierweg führte direkt am Schulgelände vorbei. Die Kinder und Ipo freuten sich aufeinander und da wir selbst keine Kinder hatten, war ich froh um diese Begegnungen. Obwohl mir die Mütter manchmal leid taten, wenn ihre Kinder darauf bestanden, statt in die Schule mit Ipo spazieren zu gehen. Wenn mich das schlechte Gewissen plagte, legte ich meine Spaziergänge auf die Unterrichtszeit. Am nächsten Tag straften mich die Kinder ab. „Wo warst du gestern? Wir haben Ipo vermisst." Ich konnte damit leben, dass sie in Wirklichkeit nicht auf mich, sondern auf Ipo warteten. Ohne das Versprechen morgen wiederzukommen, ließen sie uns nicht weiterziehen.

Erwachsenen begegnete Ipo mit der gleichen Unbekümmertheit wie Kindern. Sein ganzer Körper winkte. Den meisten entlockte er ein Lächeln und mir blieb ein Bruchteil von einer Sekunde, Ipo davon abzuhalten, an ihnen hochzuspringen und ihnen das Gesicht zu lecken.

Im Gegensatz zu den Kindern hielten die Erwachsenen nicht viel von einem derartigen Begrüßungsritual. Andere Hundebesitzer nahmen es gelassen, denn auf Spaziergängen mit ihrem Viereiner waren sie sowieso in Hundekleidung unterwegs.

Einen Hundebesitzer erkennt man übrigens an festem Schuhwerk, an deren Sohlen dicke Lehmschichten hängen, an wetterfesten und durchaus expeditionsgeeigneten Regenjacken mit prall gefüllten Taschen voller Leckerlis, Spielzeug und Hundekottüten. Baumelt eine Hundepfeife um den Hals, besteht sowieso kein Zweifel an der Echtheit eines Hundeführers. Ipo machte keinen Unterschied zwischen Spaziergängern in Hundekluft und Frischluftfanatikern in Ausgehgarnitur. Er begrüßte sie alle auf gleiche Art und Weise. Nämlich mit Begeisterung, Anspringen und dem Versuch, das Gesicht zu lecken. Glücklich, wer sich zu ihm hinabbeugte. Wehe dem, der stehen blieb. Gut gekleidete Spaziergänger nahmen Ipo dieses Verhalten verständlicherweise übel. Noch dazu hatte Ipo ein Faible für helle Hosen und Jacken. Sie übten eine geradezu magische Anziehungskraft auf ihn aus. Er war überzeugt, dass Abdrücke von Hundepfoten die Kleidungsstücke aufpeppen. Dank Ipo hatte die Reinigung am Ort Hochkonjunktur und wir eine Monatsrechnung, die sich gewaschen hatte. Unsere einzige Rettung war es, Ipo rechtzeitig anzuleinen oder dem Wettergott zu danken, wenn er trockenes Hochdruckwetter bescherte, bei dem die Hundepfoten einigermaßen sauber blieben. Loser Schmutz ließ sich wesentlich leichter von der Kleidung abklopfen als nasser Schlamm.

Die Grundkommandos „Sitz", „Bleib", „Platz" und „Komm" sowie Leinenführigkeit standen auf dem Programm. Im Haus und im Garten hatten wir schon fleißig mit Erfolg geübt. Hinsetzen fiel Ipo leicht und er hatte das Kommando schnell intus. „Bleib" lernte er vor der Futterschüssel, ehe der Inhalt mit „Nimm's, ist deins" zum Verzehr freigegeben wurde. „Platz" ging gut, wenn wir Lieblingsspielzeug am Boden entlangzogen und Ipo auf allen vieren so tief wie möglich ging, um an die Beute ranzukommen. Wenn er sich anrobbte, war er beinahe mit dem Bauch am Boden. Wir halfen etwas nach und schon lag er im Platz. Die Begeisterung, mit der wir „Platz" riefen, hatte bei Ipo einen solch bleibenden Eindruck hinterlassen, dass er sich zu Boden warf, wenn es aus unserem Mund ertönte. Allerdings nicht, ohne das darauffolgende Spiel zu fordern. Bei „Komm" befanden wir uns im absoluten Anfangsstadium mit Tendenz zum Scheitern. Auf unserem Grundstück war Ipo sonnenklar, dass ihm niemand vom Rudel abhanden kommt. Wozu also denen hinterherlaufen, die sind doch sowieso ständig um mich besorgt und lassen mich nicht aus den Augen, schien er zu denken. Uns sollte noch eine Zeit lang der Fehler begleiten, den wir ganz zu Beginn mit Ipo gemacht hatten: Ihm das sichere Gefühl zu geben, dass er den Ton angibt und nicht er nach uns, sondern wir nach ihm sehen. „Niemand ist perfekt", trösteten wir uns und hofften, diesen Fehler wieder ausmerzen zu können.

Ipo an eine Leine zu gewöhnen, war ein hartes Stück Arbeit. Sein Freiheitsdrang war unendlich groß. Er nahm den Kampf auf mit dem Ding, das seine Bewegungsfreiheit einschränkte und er schien bereit, diese Schlacht bis zum bitteren Ende durchzuziehen. Wir starteten diverse Feldzüge, um ihn an die Leine zu gewöhnen. Er quittierte alle Versuche mit einem Biss in das dünne Lederding und zerrte daran. Aus Angst, er könne die Milchzähne schneller verlieren als von der Natur vorgesehen, gaben wir uns vorläufig geschlagen. Uns blieb ja noch ausreichend Zeit. Beim Trainieren mit der Leine erinnerte ich mich gerne an das Sprichwort: Es ist noch kein Meister vom Himmel gefallen.

Mit dem Apportiergen war Ipo beinahe überversorgt. Warnungen, dass man mit einem Retriever alles teilen würde, wurden Realität. Ipo legte alles vor meine Füße, was in seinen Augen für ein Spiel gut war. Selten zerfetzte er Gegenstände, denn er befand, dass fast alles apportier- und damit spielfähig war. Er würde doch nicht so blöd sein, diese Utensilien zu zerstören. Beim Apportieren befanden wir uns noch in dem Stadium, dass wir Ipo für alles lobten, was er brachte. Wir durften nur keinesfalls den Punkt übersehen, ab dem Ipo zwischen guter und schlechter Beute unterscheiden lernen sollte. Beim Apport von frisch eingepflanzten Blumen, Abfall aus der Wertstoffkiste oder neuen Schuhen schieden sich die Geister. Ipo beizubringen, dass er sich lieber auf Tennisbälle, Frisbees, die Zeitung und die Brottüte konzentrierte, sollte allerdings kein Problem sein, denn es gab Dummys in allen erdenklichen Varianten. Damit würde das Erlernen des richtigen Apportierens zum Kinderspiel. Und in einem war Ipo glücklicherweise ein echter Golden Retriever. Auch bei ihm blitzte immer wieder mal dieser „will to please", der Wunsch, dem Menschen gefallen zu wollen durch. Zum Glück hatte Ipo diesen Goldie typischen Charakterzug, der ihn besänftigte, ständig seinen eigenen Kopf durchsetzen zu wollen.

Mit diesen in den Grundzügen verankerten Kommandos wagten wir uns zum Training nach draußen. Und es gab ein böses Erwachen. Ipo stellte unsere Geduld regelrecht auf die Probe. Nicht nur, dass er sich draußen überhaupt nicht um uns scherte, er lief sogar zum nächstbesten Mensch/Hundeteam über, wenn dieses mit interessanterem Spielzeug oder besseren Leckerlis aufwartete. Üben Sie nie mit Ihrem Hund, wenn Sie gestresst oder übel gelaunt sind, hatte ich im Hinterkopf, einen wohlgemeinten und praxiserprobten Erziehungstipp. An manchen Tagen blieb wenig Zeit, um gut gelaunt mit der Hundepfeife durch die Gegend zu trällern. Natürlich ist es ungerecht, einem jungen, unschuldigen Hund die Schuld für missglückte Ausbildungsversuche unterzuschieben. Aber Ipo gab sich an manchen Tagen erdenklich viel Mühe darin, jede Ausbildungseinheit zu torpedieren. Läuft es in einer Fußballmannschaft mal nicht so recht, rollt allerdings auch meist der Kopf des Trainers. Warum sollte es uns bei der Hundeführung nicht genauso ergehen? Also fassten wir uns einmal mehr an der eigenen

Nase. Wir hakten einen missglückten Ausbildungstag ab, um am nächsten Tag mit einem neuen Versuch hoffentlich bessere Resultate zu erzielen.

Unsere erste gemeinsame Urlaubsreise rückte näher. Wir konzentrierten uns in der Ausbildung auf das zuverlässige Kommen und dem Gehen an der Leine. Früh morgens nutzten wir den leer stehenden Fußballplatz als Trainingsgelände, auf dem wir ohne Ablenkung anderer Hunde trainieren konnten. Dass sich Hasen und Rehe um diese Zeit ein Stelldichein lieferten, erschwerte die Situation enorm. Während sich Robert von uns entfernte, blieb ich mit Ipo in der Mitte des Platzes stehen. Erst als sich Robert umdrehte und mit einem entschlossen „Komm" noch weiter von uns weglief, ließ ich Ipo los. Wie ein geölter Blitz stürmte er auf Robert zu und geradewegs in seine Arme. Wir übten das gleiche umgekehrt mit mir als Abrufer. Auch das funktionierte prächtig. Nach einigen Malen wurde Ipo die Sache aber zu langweilig und deshalb untersuchte er auf seinem Weg den Rasen nach interessanten Gerüchen. Aus den Augenwinkeln heraus betrachtete er die gesamte Umgebung und als ein Hase am Platzrand auftauchte, stimmte Ipo in einen Wettlauf ein. Der Hase schlug einen Haken nach links und einen nach rechts. Ipo blieb ihm dicht auf den Fersen. Dieses Wettrennen machte ihm sichtlich mehr Spaß, als abwechselnd von mir und Robert abgerufen zu werden. Robert setzte dem Schauspiel ein Ende. Er stellte sich Ipo in den Weg und hob ihn am Nackenfell hoch. Ipo verlor den Boden unter den Pfoten. Er lief in der Luft. „Nein, Schluss, Pfui Ipo!" Im Eifer des Gefechts verwendete Robert alle erdenklichen Befehle auf einmal, die für das Unterlassen einer solchen Handlung gedacht waren. Ipo erkannte den Ernst der Lage sicherlich auch an Roberts strengem Tonfall und beruhigte sich. Robert setzte Ipo wieder auf den Boden. Ipo hatte seine Lektion gelernt. Von diesem Tag an ließ er sich von keinem Hasen mehr locken.

Das Heranrufen mit „Komm" funktionierte auf dem Fußballplatz einwandfrei. Wir erhöhten den Schwierigkeitsgrad und dehnten die Übung auf anderes Terrain aus. Ein nahe gelegener Waldweg war ideal. Ipo lief frei neben uns her. Er stromerte stets äußerst interessiert durch die Gegend und er verlor uns deshalb des Öfteren aus den Augen. Als er einen Augenblick nicht aufpasste und den Wegesrand gründlich analysierte, versteckten wir uns hinter einem Baum, hatten Ipo aber immer noch im Blick. Er trabte weiter den Weg entlang. Auf einmal schreckte er entsetzt hoch. Er drehte sich nach hinten, blickte rundum. Er war fassungslos. Wir merkten, wie seine Gehirnzellen auf Hochtouren arbeiteten. Die können sich doch nicht in Luft auflösen, schien sein ständig wiederkehrender Gedanke zu sein. Wie ein Pfeil schoss er den Weg zurück, wieder nach vorne und wieder zurück. Wir hatten Erbarmen, traten hinter dem Baum hervor und riefen fröhlich „Komm, Ipo!", als er auf uns zu rannte. Allerdings hielt der Schreck bei Ipo nicht allzu lange an und wir mussten uns ständig etwas Neues überlegen, um Ipos Aufmerksamkeit auf uns zu ziehen. Im Urlaub wollten wir mit ihm weiter das zuverlässige Zurückkommen in Ablenkungssituation trainieren. Keinesfalls wollten wir Gefahr laufen, dass Ipo „harthörig" wird, was wir durch mehrmaliges Rufen und immer wieder auf ihn einreden erreicht hätten. Wir befanden uns ständig an der Grenze dazu, denn Ipo war sich seines Rudels sehr sicher und an manchen Tagen hatte er auch noch Tomaten auf den Ohren.

Nicht, dass wir Angst davor gehabt hätten, Ipo könnte ohne Leine nicht mehr zu uns zurückkehren. Auch wenn er seine eigenen Wege ging, fand er immer wieder gerne den Weg zu uns, sprich: zu seinen gut gelaunten Spielkameraden und Ernährern. Unsere Bindung war ganz gut. Aber wir wussten, dass die Leine auf viel befahrenen Straßen, auf Autobahnraststätten, in Fährhäfen und auf dem Schiffsdeck für Ipo überlebenswichtig ist. Kaum flog etwas durch die Luft oder bewegte sich von ihm weg, rannte Ipo hinterher. Er verlor dabei jegliches Gefühl für Gefahr. Ipo hörte weder die Motorengeräusche herannahender Autos noch ließ er sich, einmal außer Rand und Band, mit „Komm" zurückrufen. Als Landei war er an Trubel und große Menschenansammlungen zu wenig gewöhnt, als dass er gelassen damit umgehen konnte. Deshalb stand fest: Ipo musste mit diesem bis jetzt unliebsamen Ding umgehen lernen.

Wir begannen noch einmal ganz von vorne. Wir legten ihm die Leine locker um und spielten erst einmal Nachlaufen. Zuerst gingen wir hinter ihm her und dann umgekehrt. Dabei durfte sich die Leine nie spannen – was uns so manche akrobatische Einlage abverlangte. Ich kam mir vor wie ein Clown, der aufmunternd durch die Gegend tanzt und ständig versucht, sein Publikum (in dem Fall einen Hund) bei Laune zu halten. Aber siehe da, es funktionierte. Ipo vergaß die Leine im Spiel vollkommen. Der nächste Trick bestand darin, seine Begeisterung für das Gassigehen zu nutzen. Wir verließen das Haus nur noch angeleint. Wenn Ipo freudig umher sprang, weil es endlich auf die Hundewiese ging, musste er sich setzen. Ich legte ihm die Leine um und erst dann ging es los. Die dreihundert Meter bis zur Hundewiese waren der reinste Horrortrip. Ipo fing sofort an zu ziehen. Wie ein Schnellzug preschte er voran. Nur keine Zeit verlieren lautete seine Devise. In seinem Fahrplan kam das Wort Verspätung nicht vor. Anfangs ließ ich ihn gewähren, denn er verlangsamte sein Tempo nicht mal dann, wenn er kaum mehr Luft bekam. Mein Verhalten förderte seine Ungeduld noch mehr. Er lernte, dass ich keinen Widerstand leiste, sondern seinem Vorwärtsdrang nachgebe. Ipo musste aber lernen, sich unterzuordnen. Er sollte nach meinen Regeln spielen und nicht umgekehrt. Ich kam mir vor wie bei der Truppenübung bei der Bundeswehr und vermutlich war meine Einstellung der Leine gegenüber der Hauptgrund, weshalb Ipo keine Lust hatte, an ihr zu laufen.

Robert war konsequenter und behielt stets das Zepter in der Hand. Er ließ Ipo weniger Freiraum und deshalb ging Ipo bei ihm besser an der Leine. Er trottete neben Robert her und blickte immer wieder ehrfurchtsvoll zu ihm hoch. Ipo hatte in Robert seinen Meister gefunden.

Allerdings geriet der Glaube an ihn an manchen Tagen ins Wanken. Robert befolgte die Ratschläge der Hundeführer, deren Vierbeiner vorbildlich an der Leine gingen. „Bleib einfach abrupt stehen, wenn sich die Leine spannt und gehe erst dann weiter, wenn Ipo wieder links neben dir sitzt und die Leine locker durchhängt." Abgesehen davon, dass Ipo vom vielen rundum gehen schwindlig würde, hielt auch Robert diese Maßnahme nicht durch: „Wie sieht das aus, wenn ich alle zwei Meter stehen bleibe, den Hund um mich rumlaufen lasse und wieder losgehen? Alle paar Schritte das gleiche Spiel. Die denken doch alle, ich sei bescheuert." Und tatsächlich musste ich Robert recht geben. Die beiden gaben ein lustiges Bild ab, wenn sie wie gesteuerte Roboter durch die Gegend liefen. An schlechten Tagen zog Ipo auch Robert an der Leine hinter sich her. Im Moment hatte er noch nicht die Kraft und Muskelmasse, um Robert damit in Schwierigkeiten zu bringen. Als gut trainierter, erwachsener Rüde würde sich das schnell ändern. Und auch ich hätte als Leichtgewicht von fünfzig Kilogramm wenig entgegenzusetzen. Die Sache mit der Leinenführigkeit bekam eine ähnliche Dynamik wie die Autophopie. Nur, dass wir dieses Problem nicht mit Bachblüten, sondern mit Liebe, Geduld, Konsequenz, Üben und nochmals Üben lösen würden.

Ein Mädchen pfeift nicht auf Fingern. Ich war nun mal wohlerzogen und brauchte deshalb eine Hundepfeife, die ich im Ernstfall benutzen konnte, um Ipo unmissverständlich klarzumachen, eine Kehrtwendung einzuleiten und zu mir zurückzukommen. Wie immer übten wir auch den Einsatz der Pfeife in kleinen Schritten. Zuhause im

Garten mit Sicht, außer Sicht, im Haus, anschließend auf der Hundewiese und später im freien Gelände. Der schrille Ton holte Ipo augenblicklich aus seinen Gedanken. Sobald er ertönte, ließ er von jeder noch so interessanten Tätigkeit ab und kam zu mir zurück. Ein weiterer Meilenstein auf dem Weg, Ipo gesund und sicher durch die große weite Welt zu führen, war gesetzt. Robert beherrschte das Pfeifen auf Fingern natürlich perfekt. Er lachte nur, wenn ich im Notfall erst einmal verzweifelt nach der Hundepfeife suchen musste. Ich kaufte mir die Vorratspackung und deponierte die Pfeifen in allen erdenklichen Jacken, neben dem Haustürschlüssel und in den Autos. Bei jedem Spaziergang übten wir den Abruf auf Pfiff, um das Kommando fest zu verankern. Auf der Hundewiese mussten wir den Einsatz der Pfeife auf die Trainingszeiten am angrenzenden Fußballplatz abstimmen. Nachdem die gesamte Fußballmannschaft auf meinen Pfiff gehört und auf einen plötzlichen Trainerwechsel getippt hatte, übte ich mit Ipo nur noch außerhalb der Spielzeiten.

Gut geplant ist halb gewonnen

Nach etwas mehr als zwei Monaten mit Ipo waren wir dringend urlaubsbedürftig. Die Doppelbelastung von Beruf und Welpendienst hatte uns an unsere Grenzen gebracht. Ich hatte immer schon großen Respekt vor Eltern mit Kleinkindern. Sie stecken durchwachte Nächte, Babygeschrei und rund um die Uhr Service leicht weg. Als Hundeeltern entwickelten wir auch so etwas wie Mutter- und Vatergefühle für Ipo, der auf dem besten Weg war, sich zum vollwertigen Familienmitglied zu entwickeln – dennoch waren wir ziemlich gestresst. Hut ab vor frisch gebackenen Eltern. Sie meistern das Leben mit Kleinkindern mit Bravour, während wir nach acht turbulenten Wochen mit einem temperamentvollen Welpen die Segel strichen.

„Die Reise nach Sardinien wird uns guttun", sagte Robert eines Abends, als die Reisevorbereitungen voll im Gange waren und ich nicht mehr wusste, wo mir der Kopf stand.

„Ja, das glaub ich auch. Endlich haben wir nur Zeit für uns und Ipo. Keine Telefonate, keine Termine. Wir machen nur das, worauf wir Lust haben. Ich hoffe nur, dass Ipo mit fünf Monaten nicht zu jung ist für eine so große Reise. Immerhin sind wir fast vierundzwanzig Stunden unterwegs, ehe wir am Campingplatz auf Sardinien ankommen und die Fährfahrt ist nicht zu unterschätzen."

„Ipo meistert das sicherlich hervorragend. Das Autofahren klappt auch schon viel besser. Wenn er erst mal am Meer ist und jeden Tag darin schwimmen darf, wird er nicht wieder nach Hause wollen."

Bisher waren wir mit einem kleinen Campingbus gereist. Nun wollten wir auf einem Wochenendausflug austesten, ob wir darin auch zu dritt ausreichend Platz hatten. Um Ipo an das Schlafen im Bus zu gewöhnen, verbrachten wir eine Nacht auf dem Parkplatz vor unserem Haus. Auch wenn er sich unter die zum Bett umfunktionierten Sitze quetschen musste, fühlte er sich wohl und schlief schnell ein. Doch jedes Mal, wenn Ipo seine Schlafposition wechselte, polterte er mit dem Kopf gegen die Bettunterseite. Wir hatten eine unruhige Nacht, in der wir kein Auge zumachten. Ipo war noch nicht mal fünf Monate alt. Als ausgewachsener Rüde würde er, selbst wenn er wollte, nicht mehr unter das Bett kriechen können. Wir waren uns einig, dass wir Ipo auch im Bus nicht in unserem Bett aufnehmen wollten. Ich hatte mich unerwartet schnell an Hundehaare, Schmutz und Wasserpfützen in unserem Haushalt gewöhnt. Bei aller Liebe zu Ipo konnte ich mir aber nicht vorstellen, im Urlaub unser ohnehin kleines Bett mit ihm zu teilen.

Bisher waren wir immer voll bepackt gereist, das heißt, knapp an der Grenze zur Überladung. Jetzt mussten wir noch Hundefutter, Kekse, Reiseapotheke, Spielzeug, Näpfe, Leinen, Handtücher und vieles mehr verstauen. Schon vor dem Wochenendausflug war klar, dass wir unseren heiß geliebten Minibus gegen eine größere Familienkutsche austauschen mussten. Auch auf unserem ebenso heiß geliebten Vespa Roller würde höchstens ein Handtaschenhund Platz finden. Wenn wir Ipo am Urlaubsort überall mitnehmen wollten, mussten wir uns von dem Flitzer trennen, mit dem wir so gerne durch die warmen Spätsommernächte auf Sardinien düsten.

Die Rettung brachte ein Pick-up Wohnmobil. „Die Kabine setzen wir am Campingplatz ab. Mit dem Zugfahrzeug haben wir einen fahrbaren Untersatz mit ausreichend Platz für uns drei. Bei Regen bleiben wir darin sogar trocken." Robert war ganz der Verkäufer, als er die Prospekte studierte und mir versuchte, den Austausch schmackhaft zu machen.

Ich zögerte: „Ich weiß nicht. Möchtest du wirklich mit dieser großen Kiste durch die Gegend fahren? Außerdem müssen wir beim Austausch einiges drauflegen. Die neue rollende Hundehütte ist um einiges teurer."

„Uns bleibt nichts anderes übrig, wenn wir Windsurfutensilien, Hundesachen und vieles mehr mitnehmen wollen und vor allem, wenn wir in der Nacht ruhig schlafen wollen."

Ich stimmte dem Austausch zu und war hellauf begeistert, als ich beim Packen feststellte, dass ich beinahe den ganzen Hausstand hineinpacken konnte, ohne überladen zu sein. Von nun an glich das Bepacken des Wohnmobils dem Umzug in ein neues Heim. Ipo beobachtete mich argwöhnisch, wie ich Kiste um Kiste, Tasche um Tasche aus dem Haus trug und im Wohnmobil verstaute. Er ließ mich keine Minute aus den Augen und legte sich direkt hinter die Eingangstüre. Vermutlich hatte er Angst, wir könnten ihn alleine zurücklassen oder schlimmer noch, wir würden ihn woanders unterbringen. Er hatte keinen Anhaltspunkt für mein Verhalten, er lernte die Vorbereitungen zu einer Urlaubsreise das erste Mal kennen. Alles, was er spürte war, wie Hektik und Betriebsamkeit mit jedem Tag zunahmen.

Für uns stand von Anfang an fest, dass Ipo auch im Urlaub mit von der Partie sein sollte. Selbst dann, als das Autofahren nicht gleich die Hitliste seiner Lieblingsbeschäftigungen stürmte, hielten wir an unseren Urlaubsplänen mit Hund fest. Nur die ursprünglich geplante Route, die über Sizilien zur Hochzeit meines Bruders geführt hätte und erst anschließend nach Sardinien, ließen wir fallen. Achtzehnhundert Kilometer im Zweistundentakt – bei Ipos Bedürfnis nach Pausen wegen Reiseübelkeit, hätten wir unsere gesamten Urlaubstage auf der Autobahn verbracht.

Da wir auch bisher stets außerhalb der Hauptsaison gereist waren, waren wir immer aufs Geratewohl losgefahren. Meist hatten wir am Hafen von Piombino oder Livorno eingecheckt und auf die Nordküste der Insel übergesetzt. Irgendeine Fähre hatte immer bereitgestanden und uns zu günstigen Tarifen befördert. Mit größerem Gefährt in vierbeiniger Begleitung mussten wir besser planen und vorbuchen. Andere Länder, andere Sitten, heißt es auch bei der Mitnahme von Hunden. Und vor allem Süditalien gilt definitiv nicht als ausgesprochen hundefreundlich. Unser Lieblingscampingplatz nahm

Hunde auf. Auf unseren Reisen hatten wir dort vielfach Vierbeiner getroffen. Damit wir bei der Überfahrt mit der Fähre keine bösen Überraschungen erlebten, mussten wir in Bezug auf die Mitnahme von Hunden im Vorfeld einiges klären.

„Ich habe die Preise der Fährlinien geprüft. Mit dem Pick-up Wohnmobil zahlen wir fast das Doppelte als mit unserem Bus."

„Oh je, das ist teuer. Und wie sieht es aus mit Hund? Darf Ipo mit in die Kabine?"

„Leider, nein. Wir müssen ihn in einen Zwinger an Board verstauen oder die Nacht mit ihm an Deck verbringen. Auch der Zutritt zum Restaurant ist für Hunde verboten."

„Ich habe kein Problem damit, an Deck zu schlafen. Das erinnert mich an unsere Studentenzeit, als wir mit Minimalbudget die Insel besuchten. Nicht mal einen Schlafsessel haben wir uns gegönnt. Erinnerst du dich?"

„Und ob. Es war romantisch mit dir unter dem Sternenhimmel einzuschlafen, aber besonders bequem war es nicht."

„Dafür sprang auf der Insel eine Pizza mehr raus und es waren ja nur so acht Stunden", scherzte ich und war froh, dass wir bei aller Planung mit Ipo noch unkompliziert bleiben wollten.

„Gibt es nicht auch die Möglichkeit von Camping an Board?"

„Ja, aber diese Fähre kann man im Moment nur vor Ort in Italien buchen. Von Deutschland aus besteht keine Reservierungsmöglichkeit. Dafür fährt das Schiff täglich, denn es handelt sich um ein Transportschiff, das überwiegend mit Lastwagen besetzt ist. Zur besseren Auslastung nehmen sie in der Vor- und Nachsaison Wohnmobile und Wohnwagengespanne mit."

Ich sprühte vor Abenteuerlust. „Das hört sich doch gut an. Dann gehen wir eben unter die Trucker."

„Einverstanden! Wir wissen sowieso nicht, wie lange wir mit Ipo bis zum Fährhafen unterwegs sind. Eine Reservierung würde uns unnötig unter Druck setzen."

„Ja, wer weiß. Vielleicht kommen wir mit Ipo nicht mal über den Gardasee hinaus?"

„Kommt nicht infrage. Sardinien ist Endstation. Egal wie lange wir brauchen."

„Ich mach doch nur Spaß!"

„Damit macht man keine Scherze. Ich liebe diese Insel und will mit euch dorthin."

„Ich doch auch. Außerdem haben wir die Flüge doch schon gebucht, um von Sardinien nach Sizilien zur Hochzeit zu fliegen."

„Hoffentlich streiken die Italiener an diesen Tagen nicht."

Robert hatte bereits eine Vorahnung, die ich nicht sonderlich ernst nahm. „Papperlapapp. Warum sollten sie gerade an dem Tag streiken, an dem wir nach Sizilien fliegen?"

Abenteuerurlaub zu dritt

Am Tag der Abreise war ich sehr nervös. In der Nacht hatte ich kaum geschlafen. Wirre Gedanken waren mir durch den Kopf geschossen. Was, wenn Ipo die neunhundert Kilometer zum Hafen zu weit sind? Was, wenn Ipo auch auf der Fähre die Reiseübelkeit überfällt? Was, wenn Ipo auf der Insel ernsthaft erkrankt? Wie ist die Tierarztversorgung? Robert spürte meine Aufregung und nahm mich in den Arm: „Du kennst Sardinien wie deine Westentasche. Mach dir keinen Kopf. Wir sind nicht die ersten, die mit einem jungen Hund verreisen. Das haben andere vor uns auch schon erfolgreich gemeistert."

Ich gab mich gelassen, denn ich wusste, dass Robert seine Kraft für die Anreise brauchte. Unser alter Bus fuhr sich so komfortabel wie ein PKW, selbst wenn er mit der Vespa bepackt war. Um den Pick-up sicher ans Ziel zu manövrieren, musste sich Robert umstellen. Das neue Gefährt war breiter, höher, länger und windanfälliger. Voll beladen hatte er die Beschleunigung eines LKW. Schnelle Überholmanöver waren allerdings nicht nur wegen fehlender Pferdestärken, sondern auch wegen unserem mit Reiseübelkeit kämpfenden Vierbeiner nicht möglich.

Am Morgen räumte ich wie gewohnt den Frühstückstisch ab. Statt mir übernahm Robert die erste Spazierrunde mit Ipo. Die beiden kehrten schnell wieder zurück, denn die erste Etappe bis zum Gardasee würde Ipo heute noch genug abverlangen.

Er stellte sich demonstrativ neben den Futternapf und blickte mich fragend an. „Nein, Ipo. Heute bekommst du am Morgen nichts zu Fressen. Mit vollem Magen wird dir nur schlecht."

Ipo blieb keine Zeit zu motzen, denn Robert verriegelte bereits die Fenster und Türen im Haus. Ehe er sich versah, hob Robert den kleinen Zwerg ins Wohnmobil und setzte ihn auf die am Boden ausgelegte Hundedecke zwischen Fahrer- und Beifahrersitz. Ipo ohne Sicherheitsgurt zu transportieren war alles andere als vorschriftsmäßig, aber ich wollte ihn in meiner Nähe haben. So konnte ich schnell eingreifen und die Spucktüte hervorholen, falls ihm übel wurde. Robert fuhr wie auf rohen Eiern. Alle zwei Stunden hielten wir an, damit sich Ipo lösen und die Pfoten vertreten konnte. Autofahren mit der rollenden Hundehütte klappte besser als gedacht. Ipo genoss die Streicheleinheiten während der Fahrt und vergaß vollkommen, dass ihm eigentlich schlecht werden müsste, als von unserer Brotzeit auch für ihn etwas abfiel. Bei jedem Halt bekam Ipo frisches Wasser und einen Hundekeks zur Belohnung. Er behielt alles gut bei sich und löste sich nur auf den normalen, hundeüblichen Weg beim Gassigang.

„Ipo geht es erstaunlich gut. Er hat sicher Hunger. Ich gebe ihm etwas Hundefutter." Robert winkte ab. „Ipo hat sich die ganze Zeit den Bauch mit Leckerein vollgeschlagen. Glaubst du wirklich er rührt das stinknormale Hundefutter an?"

Ich hatte die Futterration bereits in den Napf gefüllt. Ipo warf nicht mal einen Blick darauf. Er blieb dicht hinter mir und als ich die Kühlschranktür öffnete, schob er seine Schnauze dazwischen.

„Siehst du", lachte Robert. Ich hab es doch gesagt. Ipo ist schlau. Während der Fahrt mit dem Wohnmobil wirst du ihm kein Hundefutter mehr unterjubeln können. Er ist auf dem Geschmack gekommen."

„Na, bravo. Das haben wir wieder gut gemacht. Einmal mehr hat uns Ipo voll im Griff."

„Nimm die Sache nicht so ernst. Wir fahren nicht jeden Tag in den Urlaub und um Ipo die Fahrten mit dem Wohnmobil schmackhaft zu machen, ist mir jedes Mittel recht. Und wenn ich ihn dafür bis zum Fährhafen mit Brot und Käse vollstopfen müsste."

Robert hatte den Satz gerade zu Ende gesprochen, als Ipo würgte und spuckte. Ich entschied kein großes Getöse darum zu machen und putzte das kleine Malheur einfach weg.

„In etwa einer Stunde haben wir unser erstes Etappenziel erreicht. Bisher ging es besser, als ich gedacht hatte."

Ich lehnte mich zufrieden zurück: „Ja, das Wohnmobil macht Ipo sichtlich Spaß."

Die Landstraße von der Autobahn nach Torbole an den Gardasee wurde eine echte Härteprüfung. Die schmale Straße schlängelte sich in unzähligen Kurven und beinahe wäre nicht nur Ipo, sondern auch mir schlecht dabei geworden. Ipo wurde immer unruhiger. Er stellte sich hin und hechelte. Ich versuchte ständig, ihn wieder zum Hinlegen zu bewegen. Keine Chance. Ipo hing mit der Nase an den Lüftungsgittern und entschied, die letzten Meter im Stehen zurückzulegen. Endlich hatten wir den Übernachtungsplatz erreicht. Robert checkte ein und parkte das Wohnmobil an einer ruhigen, schattigen Stelle.

Stolz, aber geschafft, dass wir die erste Etappe erreicht hatten, legte ich kurz die Füße hoch und träumte von vergangenen Zeiten. „Ohne Hund sind wir mit Ausnahme weniger Pinkel- und Tankpausen in einem Zug bis zum Hafen durchgefahren."

„Oh ja. Das ist vorbei. Jetzt brauchen wir fast einen ganzen Tag für ein Drittel der Strecke."

„Wir sind alt geworden, was?"

„Nein, wir sind auf den Hund gekommen. Das ist alles."

Robert war ein Positivdenker, der immer nur nach vorne blickte. Mein Anflug von Melancholie währte nicht lange, denn Ipo stand an der Tür und winselte. Er hatte seinem dringenden Bedürfnis nachzugehen, dass keinen Aufschub duldete. Voller Tatendrang stürmte Ipo aus der Wohnmobiltür hinaus. Stolz stiefelte er den Weg am Campingplatz entlang. Ganz so, als gehöre ihm die Welt. An der Uferpromenade, die eigentlich für Hundepfoten tabu ist, machte ich einen verhängnisvollen Fehler. Ich leinte Ipo ab. Ehe ich reagieren konnte, stach Ipo in See und gesellte sich zu einer Gruppe von Enten. Als Ipo neben ihnen auftauchte, schlugen sie aufgeregt mit den Flügeln und versuchten zu entkommen.

Ich war starr vor Schreck. „Ipo hat noch nie eine Ente gesehen. Hoffentlich versucht er nicht, sie zu apportieren."

Aufgeregt tapste er mit den Pfoten, um sich über Wasser zu halten. „Komm, Ipo!" rief Robert mehrmals. „Komm sofort zurück!" Seine Stimme wurde immer lauter.

Unser Geschrei war nicht mehr zu überhören. Die Passanten blieben interessiert stehen und die Menschenansammlung brachte auch gleich die Politesse auf den Plan. „Haben Sie das Schild nicht gelesen? Hunden ist der Zutritt zur Uferpromenade verboten. Sehen Sie zu, dass Sie Ihren Vierbeiner aus dem Wasser bekommen und verschwinden, sonst muss ich Ihnen ein Bußgeld aufbrummen."

Ich hatte Angst um meinen Hund, der im Begriff war, vor Erschöpfung im See zu ersaufen und die Polizistin hatte nichts anderes im Sinn, als uns mit einem Bußgeld zu belegen.

Ich fand meine Stimme wieder. „Ist schon gut. Wir verziehen uns sofort wieder."

Robert ging diplomatischer vor und erklärte der Dame, dass unser Jungspund ausgebüchst und in See gestochen sei. „Entschuldigen Sie bitte, das wird nicht wieder vorkommen."

Zum Glück entschied Ipo just in diesem Moment, wieder ans Ufer zu schwimmen. Lustvoll schüttelte er sich das Wasser aus dem Fell, um sogleich die umstehenden Menschen zu einem Spiel aufzufordern. Er genoss das Bad in der Menge und war gerade im Begriff, seine Show fortzusetzen, als ihn Robert mit einem beherzten Griff festhielt und die Leine am Halsband fest machte. Im Gegensatz zu uns fand Ipo die Sache ganz lustig. Eine Schwimmrunde im See war für ihn der ideale Ausgleich zu den Reisestrapazen des Tages.

„Oh, Mann. Ipo ist eine echte Wasserratte. Ich dachte, der Ausflug in den Badeweiher bei unseren Freunden hätte ihm gereicht."

Robert schnaufte tief durch. „Von wegen. Ipo ist wirklich unerschrocken." Offensichtlich hatte unser Hund vollkommen vergessen, dass er vor einem Monat im Weiher beinahe ertrunken wäre. Hätte Robert ihn nicht im letzten Augenblick herausgezogen, wäre er untergegangen.

Ich war fassungslos. „Der Schock mit dem Autofahren sitzt so tief, dass wir immer noch daran herumlaborieren. Die Angst vor dem Ertrinken scheint Ipo weniger zu beeindrucken."

„Ipo ist eben ein echter Retriever. Er hat Wasser für sein Leben gern."

Nach einer ruhigen Nacht brachen wir am frühen Morgen auf zur zweiten Etappe nach Vada. Der kleine Badeort liegt am Ligurischen Meer etwa dreißig Kilometer südlich der Stadt Livorno. Ganze zwei Tage wollten wir dort bleiben, um Ipo genügend Zeit zu geben, sich von der Wohnmobilfahrt zu erholen und Kraft zu sammeln für die Überfahrt mit der Fähre.

Einmal mehr erinnerte ich mich wehmütig an die Zeit des unkomplizierten Reisens vor Ipo. „Früher haben wir abends nach der Arbeit unsere Taschen gepackt und sind noch in der Nacht, spätestens aber am nächsten Morgen losgedüst. Heute planen wir generalstabsmäßig. Von der Reiseroute über das Reisegepäck bis hin zur Unterkunft haben wir alles bis ins kleinste Detail gecheckt. Fehlt nur noch, dass wir einen Projektplan Urlaub ausarbeiten, um eines nach dem anderen als erledigt abhaken zu können. Glaubst du, wir sind die einzigen Hundehalter, die so verrückt sind?"

Robert beruhigte mich. „Die erste Reise mit Hund ist eben anders. Uns fehlt die Erfahrung. Beim nächsten Mal sind wir um einiges gelassener."

„Hoffentlich", seufzte ich und lehnte mich im Liegestuhl zurück.

Der familiengeführte Campingplatz lag direkt am Meer. Einen Strandspaziergang mit Ipo lehnte ich dankend ab. „Mir steckt noch die Erfahrung vom Gardasee in den Knochen." Im Geiste sah ich Ipo über den Sandstrand galoppieren und die Badegäste mit dem aufgewirbelten Sand einpudern. Die Sonnenschirme flogen durch die Luft, als sei ein Orkan über sie hinweggezogen. Die Kinder brüllten, weil Ipo ihnen ihr Sandspielzeug klaute. Schließlich schwamm Ipo zu einer auf der Luftmatratze liegenden italienischen Mama, die vor Schreck in Ohnmacht fiel und von den Rettungsschwimmern beamtet werden musste. Auch wenn es nur halb so wild kommen würde – darauf hatte ich wirklich keine Lust. Einen neugierigen, temperamentvollen Hund zur Ruhe zu bringen, war ein Ding der Unmöglichkeit. Die zwei Tage Ruhepause hätten wir uns sparen können. Ipo lag ständig auf der Lauer, damit er ja nichts verpasste. Selbst nach ausgedehnten Spaziergängen kam er nicht zur Ruhe. Vermutlich hatte sich unsere Nervosität auf ihn übertragen und er wartete gespannt, was als Nächstes auf ihn zukommen würde.

Endlich war der Tag der Überfahrt gekommen. Da wir keinerlei Erfahrung mit Ipo auf einem Schiff hatten, entschieden wir uns für die kürzeste Strecke übers Meer. Wir steuerten den Hafen von Piombino an und lösten ein Ticket für die Nachtfahrt auf der Lastwagenfähre mit Camping an Board. Ipo inspizierte das gesamte Hafengelände. Dabei stieß er auf zwei große Wachhunde, die hinter einem hohen, ausbruchsicheren Zaun das Gelände bewachten. Ipo machte die beiden als potentielle Spielkameraden aus, bis sie ihm mit aggressivem Bellen klar machten, das sie nichts mit im am Hut hatten. Robert parkte das Fahrzeug am Oberdeck. Unser großes Wohnmobil wirkte neben den Schwerlastern wie ein Spielzeugauto. Die Turbinen machten einen Höllenlärm.

„Wenn das so bleibt, kann man nur mit Ohropax ruhig schlafen", rief ich so laut ich konnte.

„Ja, für uns kein Problem. Aber was ist mit Ipo?"

Gemeinsam mit Ipo inspizierten wir erst einmal das Schiff. Dabei entpuppte sich Ipo als Mister Sorglos auf vier Pfoten. Spielerisch erklomm er die steilen, glatten Stufen. Vor dem Restaurant fand er unter den italienischen Lastwagenfahrern schnell viele Anhänger und auf dem mit Meerwasser gespülten Schiffsboden hatten wir größere Probleme mit der Bodenhaftung als unser Vierbeiner. Als wir den Hafen verließen, schlief Ipo bereits unter dem Tisch im Wohnmobil. Die Überfahrt war ruhig. Am nächsten Morgen kamen wir frisch und munter auf Bella Sardegna an.

Ich war erleichtert, als wir die Schiffsrampe hinunterfuhren. „Ich bin erstaunt, wie gut Ipo die Fährfahrt weggesteckt hat. Immerhin waren wir mehr als acht Stunden auf dem Pott."

„Ja, Ipo fühlte sich wohl in der rollenden Hundehütte. Perfekt! Sardinien ist und bleibt unser liebstes Urlaubsdomizil", antwortete Robert mit einem freudigen Gesicht.

Wir hatten jede Menge Freunde auf der Insel und kannten viele Urlaubsgäste, die wie wir jedes Jahr im Frühling oder Herbst auf die Insel kamen. Sardinien war so etwas wie unsere zweite Heimat. Wir bildeten eine kleine Familie, in die unser Neuzugang auf vier Pfoten sogleich integriert war. Wenn wir uns heute treffen, erinnern wir uns gerne an den ersten Urlaub mit Ipo und lachen gemeinsam über seine Eskapaden, mit denen er uns zum Narren hielt. Immer noch bin ich allen unendlich dankbar dafür, mit welcher Nachsicht sie Ipos sorgenlosem Treiben zusahen und mit welcher Gelassenheit sie seine Flegelzeit ertrugen.

Wer hat schon gerne einen Nachbarscamper, der um sechs Uhr morgens die Wohnmobiltür aufstößt, mit seinem Vierbeiner schnellstens das nächstgelegene Hunde-WC ansteuert und dabei ständig betet: „Mach dein

Geschäft, Ipo. Braver Ipo." Ehrlich gesagt, als Außenstehender wäre mir das ganz schön auf den Wecker gegangen. Als in das Geschehen involviertes Frauchen war ich erleichtert, wenn das Gebet half und Ipo sich löste. Damit war die Voraussetzung für die zweite Schlafrunde gegeben. Ob unsere Campingfreunde nur aus Höflichkeit angaben, seelenruhig weiterzuschlafen, weiß ich bis heute nicht. Vermutlich begegnet man in Urlaubslaune so manchem Ereignis gelassener.

Früh morgens traf man am kleinen Supermarkt jede Menge Hundebesitzer die seit Sonnenaufgang mit ihren Vierbeinern durch die Gegend pilgerten. Die meisten Hunde hatten bereits ihre ersten Runden im Meer gezogen. So mancher Hundehalter, der früher immer erst spät morgens aus den Federn gekrochen war, war mit Hund zum Frühaufsteher mutiert. Dank Ipo reihten wir uns jetzt in diese Gruppe ein. Der morgendliche Gang zum Minimarkt für frische Brötchen war gespickt mit Hundebekanntschaften. Jede Altersklasse und Größenordnung war vertreten. Egal, ob Männchen oder Weibchen, ob groß oder klein. In Ipos Augen galt alles auf vier Pfoten als Spielkamerad. Entsprechend lange dauerte der kurze Weg von Campingbus zum Minimarkt und zurück. Noch ehe ich die Brötchen aus der Tüte nehmen konnte, schlief Ipo tief und fest unter dem Wohnmobil. Mit der allmorgendlichen Brötchentour war unser Junghund gänzlich ausgelastet. Später sollten wir diese himmlische Ruhe nur nach einem mehrstündigen Strandspaziergang genießen können. Nach einem ausgiebigen Nickerchen stand der Besuch in der Surfschule auf dem Programm, wo Ipo der ortsansässigen Malamuthündin trotzte und als vierbeiniger Animateur anheuerte. Seine Anwesenheit hob die Stimmung selbst bei Windstille. Er war der geborene Flautenclown. In Windeseile grub er den kompletten Sandstrand um. Hätte er die tiefen Löcher die er grub auch wieder eingeebnet, wäre das Gemeindepersonal für die Strandpflege schnell arbeitslos geworden. Unaufhörlich hechtete er nach geworfenen Wasserflaschen oder Bällen ins Wasser und kam erst an Land, wenn Robert ihm eine Zwangspause verordnete. Robert setzte sich in den Sand und nahm Ipo zwischen seine Beine. Andere Hunde wären unter Herrchens Schutzschild sofort in den Tiefschlaf verfallen. Ipo blieb wachsam. Und sobald ein Frisbee durch die Luft flog, sprang er ohne Vorwarnung auf, um sich das Flugobjekt zu sichern. Robert hatte Ipo zur Sicherheit angeleint, was ihm fast eine ausgekugelte Schulter bescherte, aber auch davor bewahrte, sich ständig bei den anderen Strandgästen entschuldigen zu müssen. Ipo schien die Masche der Italiener zu gefallen. Erst mal alles tun, was man nicht darf, um sich dann mit einem liebevollen „Scusi" zu entschuldigen.

„Der arme Hund. Lasst ihn doch laufen. Nehmt ihm die Leine ab." Nur Unwissende, die Ipos Hang zum Hindernislauf noch nicht kannten, äußerten sich derart zu Ipos Leinenzwang. Besonders Hartnäckige ließen sich nur durch eine Demonstration von Ipos Strandleben vom Sinn der Leine überzeugen. Einmal abgeleint, ging Ipos

Wettkampffieber vollends mit ihm durch. Sein Hundetriathlon bestand aus Handtuchspringen, Tiefbaubuddeln und Distanzschwimmen. Bei allen drei Disziplinen band er die Menschen am Strand mit ein. In vollem Lauf übersprang er die Sonneanbeter, die genüsslich auf ihren Handtüchern dösten. Mit Vorliebe grub er dort tiefe Löcher, wo die ausgelegten Badetücher als Auffangstation für den Sand dienten. Und liebend gerne spielte sich Ipo als Lebensretter auf, um Menschen vor dem Ertrinken zu retten. Dabei war es ihm vollkommen egal, ob jemand seine Hilfe überhaupt brauchte und es kümmerte ihn auch nicht, dass er selbst noch nicht zu den ausdauernden Schwimmern gehörte. Er hatte gerade mal den Basisschwimmkurs absolviert und spielte sich auf, als wäre er der Baywatch-Star auf vier Pfoten. Ich erinnere mich gut daran, wie alle am Strand durchatmeten, als wir ankündigten, Ipo zum wohlverdienten Mittagsschlaf ins Wohnmobil zu verfrachten. Auch wir schnauften jedes Mal tief durch, wenn wir unser Hundebaby schlafen legten und die Wohnmobiltür hinter uns abschlossen.

„Bist du sicher, dass uns der Züchter einen normalen Golden Retriever verkauft hat", fragte ich Robert, als wir geschafft an den Strand zurückkehrten und uns faul in der Sonne aalten.

„Wie meinst du das?"

„Ich kann mich nicht erinnern, in irgendeinem Buch davon gelesen zu haben, mit welcher Energie ein Hund mit gerade mal sechs Monaten ausgestattet ist. Glaubst du, das bleibt so?" fragte ich entsetzt.

„Ich weiß es nicht, aber ich habe mit anderen Hundebesitzern gesprochen und sie versicherten mir, dass Ipo auch noch ruhiger wird."

„Die Frage ist nur wann."

„Ja, das steht in den Sternen."

Rabeneltern

Der Hochzeitstermin meines Bruders rückte näher. Unsere edlen Klamotten hatten wir unmöglich im Wohnmobil transportieren können. Gute Freunde, die die Anreise nach Sizilien mit einer Cabriotour durch Italien verbanden, hatten deshalb unsere festliche Kleidung mitgenommen. Blieb nur zu hoffen, dass nicht irgendwelche Langfinger nach einem schicken Auto mit reichlich Gepäck Ausschau hielten.

Seit Ipos Ankunft hatten wir ihn noch keinen Tag und vor allem keine Nacht alleine gelassen. „Hoffentlich löst unsere Abwesenheit keine Krise mit schweren Verlustängsten bei Ipo aus", scherzte ich, während ich einem Freund Ipos Futterplan erklärte und die Schlüssel zu unserem Wohnmobil übergab.

Er lachte. „Wir sind Eltern einer dreijährigen Tochter, die genau so viel Pfeffer unter dem Arsch hat wie Ipo. Wir werden das Hundekind schon schaukeln."

Ipo maß der Wohnmobilschau keine große Bedeutung zu. Kein Wunder, denn bis dahin hatte er noch keine bis ins kleinste Detail ausgeklügelte Übergabe erlebt. Erst als wir uns am nächsten Morgen von ihm verabschiedeten, kam ihm der ungewohnte Ablauf spanisch vor. Er blickte uns fragend an, als wir uns von ihm verabschiedeten und durch die Tür verschwanden. Die Zeit drängte und Ipo hatte keine Chance, ein Veto einzulegen.

Wir schafften es gerade noch pünktlich zum Flughafen. Wohl überlegt reisten wir nur mit Handgepäck. Edelklamotten- und Schmuckkuriere waren ja bereits auf dem Weg mit gleichem Ziel: Catania auf Sizilien. Als uns die Mitarbeiterin der Fluglinie die Bordkarten überreichte, runzelte sie die Stirn. „Sie möchten morgen von Catania wieder zurück nach Olbia? Das kann eng werden, denn die Fluglotsen haben für morgen einen Streik angekündigt. Ich bin fast sicher, dass auch Ihr Flug davon betroffen ist."

Mir fiel vor Schreck fast das Herz in die Hose. Ich warf Robert einen verzweifelten Blick zu. „Was sollen wir machen? Wir können doch nicht absagen. Die warten alle auf uns. Aber wir können Ipo doch nicht länger als einen Tag allein lassen, oder?"

„Du hast Recht. Wir müssen fliegen. Wenn morgen wirklich gestreikt wird, bekommen wir sicher einen Flug. Ein Golden Retriever von sechs Monaten alleine auf Sardinien. Das ist ein Härtefall. Sicherlich werden wir bevorzugt behandelt." Robert lachte schallend und legte mir den Arm um die Schulter.

Wir landeten pünktlich. Wir schnappten uns das nächste Taxi und befolgten den Rat meines Bruders, erst dann einzusteigen, wenn wir den Tarif für die Strecke nach Taormina verhandelt hatten. Mein Bruder nannte uns einen realistischen Maximalbetrag. Jeder Fahrpreis, der darüber lag, wäre Wucher und Abzocke. Mein Italienisch reichte aus, um mit dem Taxifahrer einen günstigen Tarif auszuhandeln. Allerdings hatten wir keine Sightseeingtour über die Landstraße gebucht. Wir wollten geradewegs ins Hotel. Bis zum Hochzeitstermin in der Kirche blieben uns gerade mal zwei Stunden, um vom Flughafen ins Hotel zu kommen und uns von Strandurlaubern in festlich gekleidete Hochzeitsgäste zu verwandeln. Robert machte dem Taxifahrer deutlich, dass er wenig von Tankaufenthalten bei laufendem Taxameter hält und dass er sehr wohl wisse, dass eine Autostrada vom Flughafen direkt nach Taormina führt. Nachdem Robert dem Taxifahrer auf den Zahn gefühlt hatte, beendete dieser abrupt sein Bummelverhalten und gab mächtig Gas. Er fuhr äußerst zügig auf der Überholspur und drängte jeden Autofahrer zur Seite, der ihm im Weg stand. Er nahm die eigentlich wegen Straßenarbeiten gesperrte Autobahnabfahrt nach Taormina. Ein Bauarbeiter winkte ihn freundlich durch, statt ihn wüst zu beschimpfen. Die 180-Grad-Wendung des Taxifahrers erstaunte uns, aber wir waren heilfroh, rechtzeitig das Hotel zu erreichen.

Die kirchliche Hochzeit und das anschließende Festessen in einem wunderbaren Garten auf dem Vulkan Ätna waren ein Traum. Obwohl wir seit fünf Uhr morgens auf den Beinen waren, feierten wir bis weit nach Mitternacht. Ab und an dachte ich an Ipo und ich spürte, dass er bei unseren Freunden in den besten Händen war. Um zwei Uhr morgens fielen wir todmüde in die Federn. Kurz nach sechs Uhr machten wir uns bereits auf den Weg zum Flughafen. Am frühen Nachmittag würden wir unser Hundekind wieder in die Arme schließen.

Die aufgebrachte Menschentraube in der Ablughalle verhieß nichts Gutes. „Sciopero", hallte es durch die Menge. Die Streikwarnung der Flughafenangestellten hatte sich bestätigt.

Ich war verzweifelt. „Was nun?"

„Ich werde sehen, was ich machen kann." Robert arbeitete sich durch die Menge. Kurz darauf kam er zurück. „Die gute Nachricht. Es gibt einen Flug über Rom nach Olbia. Die schlechte Nachricht: Wir sind auf der Warteliste."

Ich schickte ein Stoßgebet zum Himmel und tatsächlich wurden wir wenige Minuten später aufgerufen, uns am Schalter zu melden. Erschöpft ließ ich mich im Flieger in den Sessel fallen.

„Ich hätte diesen Platz bis aufs Messer verteidigt", flüsterte ich Robert ins Ohr.

„Ich weiß. Aber ich bin sicher, Ipo hätte keine schwerwiegenden seelischen Schäden davongetragen, wenn er einen weiteren Tag in der Obhut unserer Freunde verbracht hätte."

Unser Wohnmobil war verlassen. Weit und breit waren weder eine Menschenseele noch Ipo zu sehen.

„Vermutlich sind sie mit Ipo am Strand", sagte Robert und nahm mich bei der Hand. Wie ein Adler nach seiner Beute, so hielten wir unter den Badegästen Ausschau nach Ipo.

„Da vorne ist er." Ich rannte los. „Ipo, Ipo. Schön dich wiederzusehen."

Mein Hund würdigte weder mich noch Robert eines Blickes. Was wollt ihr Fremde? Wer seid ihr? Für unseren ach so sensiblen Junghund waren wir Luft.

Unsere Freunde lachten schallend. „Unser vierundzwanzig Stunden Verwöhnprogramm zeigt Wirkung."

„Was habt ihr mit ihm gemacht?", fragte ich.

„Nichts. Wir haben ihm abends ein Schlaflied gesungen. Ach ja und er hat von unserer Pizza gekostet. Am Morgen haben wir ihn mit italienischem Frühstücksgebäck gefüttert und am Strandkiosk hat er ein Eis bekommen. Habe ich etwas vergessen?", sprach der von uns beauftragte Hundesitter und wandte sich dem Rest der Truppe zu.

„Nein, außer dass Ipo heute ohne Mittagsschlaf zu halten mit uns am Strand ist", antworteten die Helfer und setzten nach. „Ipo hat euch überhaupt nicht vermisst."

„Das glaube ich euch aufs Wort." Ich beschloss die Sache mit Humor zu nehmen. „Ipo hat eine Auszeit von pflichtbewussten Hundeeltern bekommen. Wenn er damit auf den Geschmack gekommen ist und problemlos auch mal bei anderen Menschen bleibt, ist das Experiment Hundesitting bestens geglückt."

„Ab jetzt weht wieder ein anderer Wind, Ipo. Uns tanzt du nicht auf der Nase herum", fügte Robert hinzu, nahm ihn an die Leine und legte ihn in den Schatten des Sonnenschirms, wo Ipo laut schnarchend sofort in den Tiefschlaf fiel.

Wasserhund oder Robbe?

Wie alle Golden Retriever, so liebte auch Ipo Wasser in jeder Form. Er machte weder vor Schlammlöchern noch vor abgestanden Pfützen halt. Er sprang in jeden Gebirgsbach und er stach gerne in See. Auf Sardinien entdeckte Ipo seine Liebe zum Meer. Ich kann mich nicht daran erinnern, während unseres Aufenthalts Ipo auch nur einmal tagsüber durch trockenes Fell gestrichen zu haben. Er war ständig patschnass. Ipo war süchtig nach Meerwasser. Nichts bereitete ihm mehr Freude als ein Spiel mit den Wellen. Er veranstaltete wahre Wasserorgien. Im vollen Lauf sprang er mit einem hohen Satz ins Meer. Jeder Turmspringer wäre beim Anblick von Ipos Hechtsprung vor Neid erblasst und so mancher Triathlet hätte gerne Ipos Rundenzeiten erreicht.

Ich machte mir ernsthaft Gedanken, ob Robben und Golden Retriever dieselben Vorfahren haben? Robben stammen ursprünglich von den Landraubtieren ab und haben sich vor Millionen von Jahren an das Leben im Wasser angepasst. Während sich bei den Robben im Laufe der Evolution die Vorder- und Hinterbeine zu Flossen verkürzten, könnte es sein, dass beim Golden Retriever an den Pfoten Schwimmhäute entstanden, weil er dem Leben an Land treu geblieben ist und gleichzeitig seine Liebe zum Wasser entdeckte. Ich konnte mir die Begeisterung für das Wasser einfach nicht anders erklären. Der Boxer, den ich als Kind hatte, wurde ärgerlich, wenn er ein paar Spritzer Badewasser abbekam. Ipo hingegen hätte sich am liebsten zu mir in die Wanne gesellt. Im Meer schwimmen bedeutete für Ipo Gassi gehen hoch zehn. Und zum Glück war schwimmen wesentlich Gelenk schonender.

Als Kinder planschten wir so lange im Freibad, bis wir blaue Lippen bekamen. Unsere Eltern nahmen uns aus dem Wasser und packten uns in warme Decken. Sobald wir uns erwärmt hatten, quengelten wir, bis wir wieder ins Wasser durften. Ipo hätte vermutlich nicht mal die Gefahr des Erkältungstods in arktischen Gewässern zur Vernunft gebracht. Ende September betrug die Wassertemperatur auf Sardinien noch dreiundzwanzig Grad Celsius und an Erfrierungen war nicht zu denken. Trotzdem war mir irgendwann kalt und ich schwamm zurück an Land. Ipo hatte dagegen nie genug. Er ging erst dann aus dem Wasser, wenn Robert ihn am Brustgeschirr festhielt und ihn in die Richtung drehte, in die er irgendwann auf Land stieß. Wie gut, dass unsere erste Sardinienreise im Spätsommer stattfand. Wir waren sowieso in Shorts und Badekleidung am Strand. Bis zur Rückkehr im Frühjahr musste das Rückrufen aus dem Wasser reibungslos funktionieren. Bei maximal vierzehn Grad Wassertemperatur und Lufttemperaturen von gerade mal zwanzig Grad war uns Ipo mit seinem wasserabweisenden Fell haushoch überlegen.

Schlau wie er war, hätte er schnell kapiert, dass wir unsere Drohungen, ihn aus dem Wasser zu holen, wegen des kalten Wassers nicht wahr gemacht hätten.

An Land schüttelte sich Ipo gründlich trocken. Mit Vorliebe suchte er dabei unsere Nähe. Für Ipos Trocknungsphasen riegelten wir wenn möglich den Strandabschnitt großräumig ab. Ipokenner zogen sich bereits von selbst aus der Gefahrenzone zurück. Arglose Badegäste, die Ipos Schüttelszenario mit anschließendem Wälzen im Sand nicht kannten, mussten wir als verantwortungsvolle Hundehalter vor unliebsamen Sandpartikeln und Wasserduschen schützen. Zurück im Wohnmobil legte sich Ipo mit Vorliebe auf die Hecksitzgruppe, die in der kurzen Zeit zwischen den Meerspaziergängen auch nicht mehr richtig trocken wurde. Während der Nacht hatte Ipos Fell dann ausreichend Zeit, um zu trocknen. Der im nassen Fell festgeklebte Sand fiel beim Trocknen ganz von selbst heraus.

„Endlich hast du einen Grund, unser Wohnmobil täglich zu kehren", triumphierte Robert, als ich morgens die Kehrschaufel und den Besen hervorholte.

„Angehende Golden Besitzer sollte man wirklich eingehend warnen vor der Wassersucht dieser Vierbeiner", erwiderte ich und stellte die Schaufel in den Schrank, zurück nachdem ich fast ein Kilogramm Sand aufgekehrt und entsorgt hatte.

Unser erster gemeinsamer Sardinienurlaub war ein voller Erfolg. Ipo fühlte sich in unserem Urlaubsparadies

genauso wohl wie wir. Die Anreise hatte er besser weggesteckt, als gedacht. Schon bei der Abreise stand fest, dass
wir mit Ipo im Frühjahr wiederkommen würden. Wir
waren erleichtert. Ipo war wie wir eine Abenteurerseele
und der ideale Partner für Reisen in die große weite Welt.

Kräftemessen

Kaum fassbar, wie schnell sich ein unbeholfener Welpe zu einem selbstbewussten Junghund entwickelt, der glaubt die Welt drehe sich nach seinem Kopf. Ipo war nach unserem Urlaub jedenfalls davon überzeugt, dass wir ihm mit knapp sieben Monaten ein größeres Mitbestimmungsrecht einräumen müssten. Immer häufiger widersetzte er sich unseren Aufforderungen und versuchte, seinen eigenen Willen durchzusetzen. Nicht nur, dass er die Bedeutung von „Komm", „Sitz", „Platz" und „Bleib" zeitweise vergaß. In vielen Alltagsdingen stellte er es so geschickt an, dass wir, ohne es zu merken, nach seiner Pfeife tanzten. Wenn Halbgott Ipo an der Terrassentür stand, ließ ich alles liegen und stehen, um ihm die Tür zu öffnen. Dabei war Stubenreinheit schon lange kein Thema mehr. Ipo konnte gut und gerne so lange damit warten, einen Strauch zu begießen, bis ich mit meinem Telefonat oder meinem Abwasch fertig war. Wenn Ipo zum wiederholten Mal an seinen Napf ging und mich dann mit vorwurfsvollem Blick ansah, konnte ich nicht anders, als ihm etwas Leckeres zu füttern. Frisches Wasser stand immer für ihn bereit, aber er forderte seine Zwischenmahlzeiten regelrecht ein. Das enge Zusammenleben im Wohnmobil und der Laisser-faire-Erziehungsstil im Urlaub hatten sichtbare Spuren hinterlassen. Ich kam wir vor wie ein Roboter, dessen Fernbedienung Ipo in Pfoten hielt.

Eine Hundefreundin und erfahrene Züchterin von Neufundländern deckte während eines Besuchs Ipos Verhalten auf. Sie amüsierte sich prächtig, als sie nur zwei Stunden unser Treiben beobachtete. „Wenn ihr nicht lernt, euch abzugrenzen und nicht konsequent seid, habt ihr in spätestens vier Monaten ein riesengroßes Problem mit Ipo. Dann macht er was er will und degradiert euch zu Statisten."

„Wie meinst du das?", fragte ich entsetzt.

„Ihr tanzt doch nur noch nach Ipos Pfeife. Ipo hier, Ipo da. Der Hund nutzt das schamlos aus. Es dauert nicht mehr lange und er denkt, er sei der Rudelchef. Für euch wird das dann richtig anstrengend. Ipo muss lernen, dass er sich an bestimmte Regeln hält, die ihr aufstellt. Ihr seid auf dem besten Weg, Ipo an Nummer eins statt an Nummer drei im Rudel zu setzen."

Obwohl Robert genau wusste, wie Recht unsere Freundin mit ihrer Einschätzung hatte, reagierte er verärgert. „Aber wir üben doch viel mit ihm. Vielleicht sollten wir doch noch eine Hundeschule besuchen."

„Der Besuch einer Hundeschulc hilft euch reichlich wenig, wenn ihr außerhalb des Platzes keine klaren Richtlinien vorgebt, an die sich Ipo halten muss. Liebevolle Konsequenz lautet für einen selbstbewussten Rüden wie Ipo das Stichwort", entgegnete sie. „Ipo ist schlau. Er weiß genau, wie er euch um die Pfote wickelt. Auf dem Ausbildungsplatz hört er wie eine Eins und anschließend hat er Tomaten auf den Ohren. Und er macht das äußerst charmant, sodass ihr voll auf ihn hereinfallt. Glückwunsch, Ipo. Das machst du echt gut", sagte sie und wandte sich ihm zu. „Aber jetzt drehen die beiden den Spieß wieder um. Den Chefposten musst du wohl oder übel wieder abtreten."

Die Einschätzung unserer Hundetauglichkeit seitens unserer Freundin hatte gesessen. „Dabei gelten Golden Retriever als ideale Anfängerhunde. Sie sind leichtführig, anpassungsfähig und am Menschen orientiert", sagte ich verunsichert. „Golden Retriever Kenner sind sich einig, dass diese Hunde nur eines im Sinn haben. Sie möchten ihren Menschen gefallen. Gerade deshalb haben wir uns ja diese Rasse ausgesucht."

„Ja, Ipo ist eben die Sonderausgabe unter den Goldies. Jetzt weiß ich, warum der Züchter zögerte, als wir unbedingt Ipo wollten. Er wusste, welch große Aufgabe wir bewerkstelligen müssen."

„Ja, hoffentlich bin ich dieser Aufgabe gewachsen", erwiderte ich.

„Dir bleibt gar keine Wahl, oder willst du Ipo etwa wieder weggeben?"

„Um Himmel willen, nein!", schrie ich. „Niemals."

„Siehst du. Dann bleibt uns nur, klein Ipo wieder auf seinen Platz zu verweisen."

Wir waren unserer Freundin dankbar. Mit ihrer Hilfe würden wir die Kurve gerade noch rechtzeitig kriegen.

„Jetzt weht wieder ein anderer Wind, Ipo." Er erhob sich kurz aus seiner Schlafposition und obwohl ich eindeutig ihn ansprach, maß er meiner Aussage keinerlei Bedeutung zu.

Wir waren uns einig, dass wir in nächster Zeit besonders darauf achten wollten, konsequent zu sein und zumindest die Minimalregeln einzuhalten. Dazu gehörte, Ipos Drängeln zum Spaziergang zu ignorieren und dann aufzubrechen, wenn es uns in den Kram passt. Ungeduldiges Umhertrippeln an der Terrassentür zu ignorieren und erst dann zu öffnen, wenn wir es für richtig hielten. Ipos Betteln um Zwischenmahlzeiten in der Küche zu übergehen und last but not least Anfang und Ende der Spielzeiten selbst festlegen. Anfangs bockig, stellte sich Ipo schnell um. Die richtige Hierarchie in unserem Rudel war wiederhergestellt. An manchen Tagen werde ich allerdings bis heute das Gefühl nicht los, dass man Ipo eine Minimaldosis Dackelgen untermischte. Ein Golden Retriever kann unmöglich so stur sein, wie Ipo es ab und an ist.

Duftwässerchen

Ipo liebte Wasser in jeglicher Form. Am liebsten bewegte er sich durch unberührten Pulverschnee, der ihn auffing wie weiche Watte. Unser Vierbeiner war eine Schneefräse auf vier Pfoten. Er wälzte sich vergnügt auf dem Rücken, sobald eine dünne Schneeschicht die Wiese überzog. Am Schlittenberg war er kaum zu halten. Bei Schneeballschlachten der Nachbarskinder war er sofort mit von der Partie. Beim Bauen von Schneemännern war ihnen Ipo allerdings keine große Hilfe. Sobald die Schneekugel den Durchmesser eines Putzeimers hatte, stürzte sich Ipo mit voller Wucht darauf und zerstörte sie. Klar, dass ihn die Kinder ausschlossen und liebend gerne auf seine Anwesenheit verzichteten. Der Winter war auch für mich eine wunderbare, putzarme Zeit. Nach Schlammorgien bei Regen und Matsch, genoss ich die Tage, wenn der Boden gefroren war und Ipos Fell und Pfoten beim Spaziergang sauber blieben. Wie oft habe ich meine Freundin beneidet, deren Hündin jede Wasserpfütze und jedes Schlammloch großzügig umlief. Ipo entwickelte eine wahre Liebe zu Schlamm und Dreck. Er zog alles, was nach Lehm roch magisch an. Menschenleere Spazierwege über Felder und Wiesen bezahlten wir mit Lehmabsätzen am Schuhwerk und Sand im Hundefell, der beim Trocknen herausrieselte und unser Haus in einen Sandkasten verwandelte. Aufgekieste Gehwege gab es auf unseren bevorzugten Spazierwegen durch die Wälder nicht. Neuzugänge hätten sich vermutlich schnell verirrt. Nur Insider oder eine Hundenase fanden den Weg wieder zurück. Unsere Gegend hätte ein ideales Ausbildungsgebiet für Pfadfinder abgegeben. Für Ipo war es so etwas wie ein Dschungelcamp für Vierbeiner, nur, dass seine Eskapaden nicht im Fernsehen gesendet wurden. Filmreif waren seine Auftritte allemal. Der Höhepunkt der Gefühle war ein Bad in einer frisch mit Gülle überzogenen Wiese oder eine Dusche unter dem Güllewagen, aus dem sich ein Schwall der braunen Tunke über ihn ergoss.

„Ipo ist ein Jagdhund. Er folgt seinem Instinkt. Er übertüncht damit seinen eigenen Geruch und bleibt auf der Jagd vom Wild unentdeckt", lautete Roberts Erklärung. Ich schulte meine Nase gezwungenermaßen ebenfalls auf diesen für Ipos Riechzellen köstlichen Duft. Ich hatte nicht annährend eine Chance. Vor allem wenn der Wind schlecht stand und den Duft von mir weg wehte, war mir Ipo haushoch überlegen. Im Winter war das Ausbringen der Gülle verboten und ich konnte durchschnaufen. Ipo ersparte sich unliebsame Duschorgien mit dreimaligem Shamponieren. Im Frühjahr, wenn die Zeit des Gülleverbots vorbei war, holte Ipo Versäumtes nach. Zeitweise roch es bei uns im Haus wie in einem Kuhstall. Der Hersteller, der ein Shampoo entwickelt, das Güllegeruch zuverlässig aus dem Hundefell entfernt, wird von jedem Jagdhundebesitzer hochgejubelt und mit Sicherheit innerhalb kürzester Zeit zum Millionär. Leider hat bisher keines der Duftwässerchen sein Versprechen gehalten. Jeder Euro, den ich ausgegeben habe, war verschwendet. Ipo erkor das ganz natürliche Gülleparfum zu seinem Lieblingsduft.

Sicherheitstraining

Unseren ersten gemeinsamen Weihnachtsurlaub verbrachten wir in einem verschlafenen Dorf in der Steiermark. Die Region gilt als echtes Schneeloch. Links und rechts der Straße türmten sich meterhohe Schneewände auf. Die Wiesen lagen unter einer dicken Schneeschicht. Frau Holle meinte es auch in dem Jahr gut mit diesem Fleckchen Erde. Der Züchter hatte uns geraten, Wanderungen in die Berge erst dann zu unternehmen, wenn Ipo ausgewachsen ist, frühestens mit fünfzehn Monaten. Mit gerade mal acht Monaten wählten wir also die geräumten Seniorenwanderwege in der Ebene. Das Spuren bergwärts, in unberührten Pulverschnee, verschoben wir auf die nächste Wintersaison.

Ich hatte an einem Winter-Fahrtraining mit dem Auto teilgenommen, um mehr Sicherheit bei Eis und Schnee zu gewinnen. Ipo schlitterte ähnlich über die Piste wie mein Auto im Fahrtraining. Runter vom Gas, lautete mein Rat an Ipo. Er scherte sich nicht um ausreichend Sicherheitsreserven. Auf dem glatten Untergrund hatte er wenig Grip unter den Pfoten. Trotzdem nahm er die Kurven mit extrem hoher Geschwindigkeit. Seine Pfoten drehten durch wie die Räder eines Wagens. Ipo hatte sichtlich Spaß daran, seine Fliehkräfte im Schnee zu testen.

„Ich dachte, Hunde auf vier Pfoten haben Allrad", rief Robert, als im Ipo förmlich entgegen flog.

„Ein Allrad bleibt zwar in der Spur, aber beim Bremsen reagiert er wie jedes andere Auto", erwiderte ich und sprang gerade noch zur Seite, ehe mich Ipo umrannte, weil der Bremsweg länger war, als er gedacht hatte.

Ipo war derweil wieder Vollgas in die Gegenrichtung unterwegs. Es wurde mir angst und bange. Ipo war auf dem besten Weg, sich die Knochen zu brechen. Aber statt die Geschwindigkeit zu reduzieren, driftete er wild durch die Gegend. ABS für Hunde müsste es geben, dachte ich, als ich einen Schrei aus der Richtung hörte, in die Ipo gerade gepest war. Wir rannten so schnell wir konnten hinterher und kamen gerade rechtzeitig, um uns bei dem älteren Herrn zu entschuldigen, den Ipo zwar nicht umgerannt aber erschreckt hatte, als er wie eine Hochgeschwindigkeitszug um die Ecke gebogen war.

„Schluss jetzt! Wir nehmen Ipo an die Leine." Ich war fest entschlossen, Ipos Rally ein Ende zu bereiten. Ipo hatte immer noch nicht genug. Zum Abschied hatte mir der Fahrlehrer geraten: „Üben Sie das immer wieder. Bremsen – lenken – bremsen." Ipo schien sich dessen Rat zu Herzen zu nehmen. Ich war sicher, Ipo würde dabei wesentlich mehr Ausdauer an den Tag legen als ich und er würde erst dann aufhören, wenn er ein wahrer Bremsmeister war. Kam er tatsächlich mal nicht mehr zum Stehen, rettete er sich mit einem Sprung in den tiefen Schnee.

Endlich hatte ich Ipo erreicht. Ich erblickte frisches Blut im Schnee, das zweifelsohne von einer verletzten Hundepfote stammte.

„Da haben wir den Salat. Jetzt hat sich Ipo an der Pfote verletzt." Ich kniete mich zu ihm auf den Boden und untersuchte ihn. Ipos Winterrallye hatte deutliche Spuren hinterlassen. Die Bremsmanöver auf dem harten Eis forderten ihren Tribut. Zwei Krallen waren abgebrochen und bluteten stark.

„Wir gehen auf dem schnellsten Weg zurück und verarzten die Wunde", sagte Robert gefasst.

Wir erreichten die Apotheke gerade noch rechtzeitig vor Geschäftsschluss. Robert eilte hinein und kam mit einer großen Tüte zurück. Ich nahm ihm die Tasche ab. „Morgen ist Feiertag und dann Wochenende. Ich habe sicherheitshalber die Großpackung gekauft", sagte er. Vermutlich hatte ich ihn so erstaunt angesehen, dass er in Erklärungsnot geriet. Mit dem Verbandsmaterial hätten wir Ipos gesamten Körper verbinden können. Auch wenn die Situation alles andere als lustig war, konnte ich nicht anders. Ich musste schallend lachen. Die Tränen liefen über meine Wangen. „Na, Ipo. Fürs erste bist du versorgt."

Damals ahnte ich nicht, dass wir uns im Laufe der Jahre zu wahren Profis im Verarzten von verletzten Hundepfoten entwickeln würden. Ipo war nur allzu oft viel zu schnell und unüberlegt unterwegs. Abgebrochene Krallen und lädierte Pfoten gehörten zum Standardrepertoire. Zum Glück war er nie zimperlich und humpelte tapfer auf den verbliebenen gesunden Pfoten durch die Gegend. Selbst dabei war er noch so schnell, dass speziell für ihn angepasste Hundeschuhe nach wenigen Metern durch die Luft flogen. Meist musste dann die gute alte Plastiktüte herhalten, die wir mit einem wasserfesten Tape verklebten. Das schonte nicht nur unseren Geldbeutel. Es sah auch noch sehr stylisch aus. Mit diesem modischen Gag hätte Ipo auf jedem Hunderunway für Furore gesorgt.

Die Verletzung an der Kralle sah schlimmer aus, als sie war. Am letzten Urlaubstag trabte Ipo wieder auf vier relativ gesunden Pfoten durch die Gegend. Es war ein wunderschöner, sonniger Wintertag. Wir entschieden uns für einen Abschiedsspaziergang am nahe gelegenen Altaussee und gingen im Geiste das Risikopotential durch, welches ein Spaziergang in diesem Gelände beinhaltet.

„Der See ist im Winter zu gefroren. Baden bei Minustemperaturen mit Gefahr für die Bronchien ist nicht gegeben." Dieser Gedanke drängte sich uns nur deshalb auf, weil Ipo zu Hause Roberts „Nein" ignoriert hatte und bei minus zwölf Grad Celsius im Bach baden gegangen war. Robert war auf kürzestem Weg nach Hause zurückgekehrt. Das Wasser an Ipos Fell war gefroren und hing in unzähligen kleinen Eiszapfen herab. Wir hatten unseren Golden Eisbären auf die durch die Fußbodenheizung gewärmten Fliesen gelegt und ihn trocken gerrubbelt. Zu spät. Ipo hatte sich pünktlich zum Wochenende erkältet. Die Erkrankung war uns nicht ernsthaft genug erschienen, um in die Notaufnahme der Tierklinik zu fahren. Allerdings hatte Ipo die ganze Nacht gehustet. Nach einigen Stunden hatte ich genervt zu einem aus Kräutern bestehenden Bronchialelixier gegriffen. Es wird nicht ausdrücklich für Tiere empfohlen, doch es ist ohne Alkohol und Kinder können es unbedenklich einnehmen. Ich hatte Ipo die für Kleinkinder angegebene Dosis verpasst und innerhalb weniger Stunden hatte sich der harte Husten gelöst, ehe er nach zwei Tagen vollkommen verschwunden war.

„Der Spazierweg ist dicht bewaldet. Der weiche Waldboden ist sicher eine Wohltat für Ipos abgeheilte, aber noch immer empfindlichen Krallen“, sagte Robert mit einem Blick auf die Wanderkarte.

„Der perfekte Spazierweg also für einen Golden Retriever mit Ambitionen zu Geschwindigkeitsrekorden.“

Robert zwinkerte mit einem Auge. „Ja, sieht so aus, als könne nichts schiefgehen.“

Einmal mehr hatten wir die Rechnung ohne Ipo gemacht. Wir schlenderten gemütlich den Weg entlang, passierten das im Sommer gut besuchte und im Moment verlassene Strandbad und beobachteten Ipo, wie er Baum um Baum analysierte und seine persönlichen Duftmarken platzierte. Auf Spaziergängen mit Ipo hatten wir uns mittlerweile einen 360-Grad-Blick angewöhnt. Wir waren so entspannt, dass wir vollkommen vergaßen, in Hab-Acht-Stellung zu gehen. Hinter der nächsten Weggabelung büßten wir den verhängnisvollen Fehler. Der ansässige Stockschützenverein trainierte auf der spiegelglatt polierten Eisfläche für die diesjährige Meisterschaft. Just in dem Moment, als Ipo die fröhliche Gemeinschaft erblickte, schubste einer der Teilnehmer seinen Eisstock über die Natureisbahn und schob den Holzklotz, den man Taube nennt, an. Auf einen Schlag war Ipos Jagdinstinkt geweckt. Wie vom Blitz getroffen sprang er über die Böschung aufs Eis. Er landete sicher und bewegte sich erstaunlich schnell auf die Mannschaft zu. Zu schnell für

Robert. Er erreichte Ipo nicht mehr rechtzeitig, um ihn anzuleinen. Ipo erbeutete die Taube und lief mit ihr im Maul auf und davon. Ipo hatte einen Riesenspaß! Ich hatte große Angst, dass er sich die Knochen brechen oder von einem Eisstock k.o. geschlagen würde. Es war eine unangenehme Situation, in die uns Ipo gebracht hatte. Ich entschuldigte mich bei den Männern. Mit etwas Kleingeld für die Mannschaftskasse war die Sache schnell vom Tisch. Und als Robert mit Ipo, dem Übeltäter, die Taube zurückbrachte, erhellten sich die Gesichter. Das Spiel ging weiter. Für Ipo fand es ein Ende. Den Rest des Weges spazierte er an der langen Ausziehleine.

„Noch so ein Adrenalinschub und meine Erholung ist dahin."

„Die Zeit der entspannten Spaziergänge ist vorbei. Mal sehen, womit uns Ipo sonst noch überrascht."

An diese Worte erinnerten wir uns einige Wochen später am Starnberger See. Warme Föhnluft schickte einen Hauch von Frühling. Die Eisschicht auf dem See war löchrig und dünn. Ipo war vollauf damit beschäftigt, bei den Hundedamen Eindruck zu schinden. Ein Bad im See interessierte ihn nicht die Bohne. Eine Schar Jugendlicher kam des Weges. Sie ließen flache Steine über das Eis schlittern. Ipo blickte kurz auf und war auch schon weg. Wenn andere Hundebesitzer Panik schoben, sobald ihr Vierbeiner Hasen, Rehe oder Fasane ausmachte, stand uns der Angstschweiß auf der Stirn bei Bällen, Frisbees und allem, was ähnlich aussah. Todesmutig sprang Ipo aufs Eis. Als er merkte, wie die dünne Eisfläche unter ihm wegbrach, ruderte er sofort wieder zurück. Mit den Hinterläufen war er bereits im Eis eingebrochen. Bäuchlings robbt er auf dem Eis dahin und brachte sich irgendwie selbst wieder in Sicherheit. Gott sei Dank. Wir hätten Ipo nicht helfen können, ohne uns dabei selbst zu gefährden."

„Ich erinnere mich nur zu gut an die Schlagzeile in der Zeitung: „Herrchen riskierte sein Leben, um seinen Hund vom Eis zu retten."

„Zum Glück ist es noch einmal gut gegangen."

Und wieder musste Ipo den Rest des Weges an der Leine zurücklegen.

Hundefreunde

Ipos alltagstauglicher Grundgehorsam war alles andere als gefestigt. Der Besuch einer passenden Hundeschule war unumgänglich. Zusammen mit einem Hundefreund und Irish Setter Besitzer machte ich mich auf die Suche nach einem geeigneten Verein. Ipos Freude am Spiel in die richtigen Bahnen zu lenken, schien mir der richtige Ansatz, um ihn zu motivieren, die wichtigsten Grundkommandos nicht nur ab und an zu befolgen. Ich hatte genug von kritischen Situationen, in denen ich mich nicht auf Ipo verlassen konnte. Zuverlässiges Zurückkommen hatte für mich oberste Priorität. Dazu brauchte ich Hilfe von Menschen, die darin Erfahrung hatten, wie man die Energie eines einjährigen, vor Selbstbewusstsein strotzenden Golden Retrievers in die richtigen Bahnen lenkt. Auch wenn der Gedanke an eine offensichtlich perfekte Mensch-Hund-Beziehung verlockend war, stellte ich nicht den Anspruch, mit Ipo ohne Leine in der Großstadt zu spazieren. Ich wollte mich und Ipo lediglich vor Situationen bewahren, die unser beider Gesundheit schaden konnten. Und ich wollte die Oberhand über die Kommandozentrale behalten. Ipo hatte weder Hundekindergarten noch -schule besucht. Jetzt mussten wir dringend Versäumtes nachholen.

Ich rief in der Geschäftsstelle eines Hundevereins an, der zwar eine Fahrstunde entfernt lag, mir aber von Hundehaltern wärmstens empfohlen wurde. Er führte die Bezeichnung „Verein für Hundefreunde". Ich fand das sehr sympathisch, denn Ipo sollte ja entsprechend seinen Anlagen gefördert und nicht verbogen werden. Außerdem löste das Wort „Schule" stets Unbehagen bei mir aus.

„Hunde ab einem Jahr und darüber steigen gleich in den Erwachsenenkurs ein. Entsprechend ihrer Vorkenntnisse werden sie individuell gefördert.", schilderte die nette Dame.

Das hörte sich gut an. Für entspannte Spaziergänge scheute ich weder Mühe noch Kosten. Wir buchten sogleich zwölf Kurseinheiten für Ipo und den gutmütigen Irish Setter Amadé, der zwar erst knapp neun Monate alt, aber im Gegensatz zu Ipo bereits bestens erzogen war. Er konnte gut und gerne eine Klasse überspringen und Ipo würde in der Junghundphase Versäumtes schnell nachholen.

Unser Freund Alexander besaß drei Hunde und einen familien- und hundegerechten Van. Die Kurse fanden einmal die Woche, montags am späten Nachmittag statt. Ich war ziemlich nervös und hatte Bammel vor der ersten Kurseinheit. Mir war klar, dass ein geschultes Auge nicht nur Ipos, sondern auch mein Fehlverhalten schnell aufdeckte. Alexander holte uns pünktlich ab. Obwohl sich Ipo und Amadé von gemeinsamen Spaziergängen sehr gut kannten, hielt Amadé reichlich wenig davon, seine Luxuslimousine mit Ipo zu teilen. Breitbeinig stand er im Heck und als sein Herrchen die Tür öffnete, knurrte er missmutig. Ipo fand sogleich die richtige Antwort. Er knurrte zurück. Die Zeit drängte. Zumindest in der ersten Unterrichtsstunde wollten wir pünktlich sein. Die Wiese hinter unserem Haus war für beide Hunde neutrales Territorium und nach kurzem Kräftemessen und einigen Sprints war die Rangfolge geklärt. Ipo war der Chef und Amadé bot ihm einen Platz im Auto an.

Wir fanden auf Anhieb den Weg zum Vereinsgelände und hatten Zeit für einen kurzen Spaziergang, währenddessen sich unsere Hunde lösten und wir uns seelisch auf den Unterricht vorbereiten konnten. Amadé wurde mit einem „Hopp" von Herrchen in die Freiheit entlassen. Er stöberte den Spazierweg entlang, hielt allerdings immer den Kontakt zu seinem Führer.

Ich leinte Ipo ebenfalls ab. „Konzentriertes Arbeiten fällt Ipo leichter, wenn er vorher noch mal richtig Gas geben darf." Ich hatte den Satz gerade zu Ende gesprochen, als ich ein Plantschen im Wasser hörte.

„Ist hier etwa ein Fluss?", rief ich aufgeregt.

„Kein Ahnung", antwortete Amadés Herrchen. „Aber es hört sich fast so an."

Da stand ich nun an der Uferböschung, während Ipo genüsslich seine Kreise in der Würm zog. Ich wusste von dem fünfunddreißig Kilometer langen Fluss, der vom Starnberger See durch den Münchner Raum bis nach Dachau fließt. Aber ich wusste nicht, dass unser Spazierweg an einem Seitenarm vorbeiführte. Ich fuchtelte mit den Händen und rief anfangs gefasst, später ärgerlich nach Ipo. Endlich hatte er genug und kam ans Ufer zurück.

Wir erreichten gerade noch rechtzeitig das Übungs-gelände. Wer zu spät kam, wurde vom Unterricht ausge-sperrt. In einem Verein für Hundefreunde hätte ich weni-ger strenge Sitten erwartet. Der schlanke, sichtlich durch-trainierte Hundetrainer begrüßte mich mit einem Händedruck und Ipo mit einem Streichler über den Kopf.

„Ah, ein Golden Retriever."

„Ja. Das ist Ipo.", antwortete ich. „Und er raubt mir bei-nahe den letzten Nerv."

Der Hundetrainer nahm mich nicht ernst. Golden Retriever waren zu diesem Zeitpunkt in Deutschland sehr populär. Ohne Ipo genauer zu betrachten, schob er ihn in die Schublade gemütlicher, verfressener, gefälliger Gol-die, dessen Frauchen ihn zu sehr verhätschelt, als dass er wisse, wer der Chef im Haus ist.

„Nimm Ipo die Leine und das Halsband ab", befahl er. „Zu Beginn der Unterrichtsstunde dürfen die Hunde mit-einander spielen, damit sie sich kennenlernen."

Ipo befand sich gerade in der Halbstarkenphase und nutzte jede Möglichkeit, um andere Rüden in die Schran-ken zu weisen und Hündinnen von seinem unwiderstehli-chen Charme zu überzeugen. Vom kleinen Mischling bis zum ausgewachsenen Bernhardiner ordnete er die Rüden der Reihe nach unter, bis ein Mutter-Tochter-Pärchen eingriff und Ipo in die Schranken verwies. Der Hundeaus-bilder wirkte nachdenklich. Dieser Golden Retriever war im Begriff die harmonische Gruppe aufzumischen und das gefiel ihm überhaupt nicht.

„Soll ich Ipo anleinen?", fragte ich ihn verunsichert, als Ipo gerade wieder auf den neunmonatigen Bernhardiner zuging, der jetzt schon um einiges größer und schwerer war als er.

„Nein, Ipo verhält sich sozial sicher. Es gibt keinen Grund, zu handeln. Das sind saubere Rangordnungsspiele. Dagegen gibt es nichts einzuwenden."

Die anderen Hundebesitzer betrachteten Ipos Vorgehen weniger entspannt. Kein Wunder, wenn mein Hund ständig von einem anderen auf den Rücken gelegt und untergeordnet würde, sähe ich auch nicht gerne zu. Aber solange der Hundeausbilder artgerechtes Verhalten attestierte, gab es keinen Grund zur Beanstandung.

Bei den Unterrichtseinheiten war Ipo voll und ganz bei der Sache. Nur die vielen Wiederholungen fand er auf Dauer langweilig.

„Ipo braucht ständig Abwechslung und neue Herausforderungen", erklärte der Ausbilder. „Du musst richtig arbeiten und kreativ sein, damit du seine Aufmerksamkeit behältst." Ipo machte sich während der Ausbildung wenig aus Putenwiener und getrocknetem Pansen. Er fand Quietschenten und Wurfmops wesentlich interessanter. Meine Taschen waren vollgestopft mit Hundespielzeug, das ungewohnte Laute von sich gab oder sich durch die Luft wirbeln ließ. Andere Hundebesitzer konnten gemütlich auf und ab gehen. Ihre Hunde klebten auch bei gemächlicher Gangart am Fuß von Herrchen oder Frauchen. Mit Ipo musste ich äußerst zügig gehen, ja fast laufen, damit sich ihm keine Gelegenheit zur Ablenkung bot.

Wehe, er hatte Zeit, die Nase in den Rasen zu stecken oder aus den Augenwinkeln heraus die anderen Hunde bei der Arbeit zu betrachten. Dann vergaß er ganz schnell das Kommando „Fuß" und ging seinen eigenen Weg. Nicht, dass Ipo nicht alles tun würde, um mir zu gefallen. Doch bei aller Liebe zu mir behielt er stets seinen eigenen Kopf. Was er sich darin zusammensponn, setzte er zielstrebig und mit enormer Ausdauer durch. Ipo ließ mich des Öfteren mitten in der Übung stehen, um einem vierbeinigen Kollegen die Leviten zu lesen. Rauhaardackel Wasti hatte es ihm besonders angetan. Keine Ahnung, warum sich die beiden ständig in der Wolle hatten. Wasti brauchte Ipo nur eindringlich anzusehen. Ipo sah darin eine Kampfansage. Erst nachdem er Wasti angeknurrt oder noch schlimmer untergeordnet hatte, wandte er sich wieder mir und seinen Trainingsaufgaben zu.

Nach dem Unterricht waren Ipo und ich geschafft. Ich war froh, dass Alexander den Fahrdienst übernommen hatte. Ich brauchte mich nur gemütlich in den Sitz zurücklehnen. Ipo und Amadé schliefen bereits eng aneinander gekuschelt, während wir den Parkplatz verließen.

Die erste Unterrichtsstunde war anstrengend gewesen, aber ich hatte ein gutes Gefühl. Und tatsächlich wurden wir mit jeder Unterrichtseinheit ein besseres Mensch-Hunde-Team. Ich war glücklich und stolz, als Ipo die Abschlussprüfung als Klassenbester abschloss. Während eines Waldspaziergangs legten wir die Hunde außer Sicht ab. Sie durften nur auf Abruf losgehen, um uns zu suchen. Ipo war der einzige aus der ganzen Gruppe, der diese Aufgabe mit Bravour meisterte. Während die anderen Hunde ängstlich wurden und den Kopf nach allen Richtungen reckten, um Frauchen oder Herrchen ja nicht aus den Augen zu verlieren, blieb Ipo seelenruhig liegen. Selbst wenn einige Hunde aufsprangen und losrannten, um ihre Hundeführer aufzustöbern, ließ er sich nicht aus der Ruhe bringen.

Mit Stolz nahm ich die Auszeichnung zum bestandenen Hundeführerschein entgegen. Anfangs dachte ich, ich hätte einen Hund mit ADHS (Aufmerksamkeitsdefizit- und Hyperaktivitätsstörung). Ipo war äußerst impulsiv und ein echter Zappelphilipp. Erleichtert stellte ich fest, dass ich lediglich einen sehr verspielten, lebhaften und reizoffenen Hund hatte, der sich unter richtiger Führung und Anleitung zum verlässlichen Begleiter entwickelte.

Vermutlich schnauften der Ausbilder und die anderen Gruppenmitglieder durch, dass wir an Aufbaukursen wegen der langen Anfahrt nicht teilnahmen. Ipo war nicht nur für mich, sondern auch für die Gruppe anstrengend, was sie uns nach einer urlaubsbedingten Auszeit unmissverständlich mitteilten. „Hallo, da seid ihr ja wieder. Es war so schön ruhig ohne Ipo. Jetzt geht die Hektik wieder los." Trotz aller Umtriebigkeit, die Ipo an den Tag legte, fanden sie ihn sympathisch. Sie verabschiedeten uns herzlich. „Macht's gut ihr beiden. Und alles Gute.", riefen sie uns nach, als wir das Gelände verließen.

„Ipo wird auch noch ruhiger", war die aufmunternde Verabschiedung des Trainers.

„Fragt sich nur wann", erwiderte ich mit einem liebevollen Blick auf Ipo.

So anstrengend die Kurstage waren, so sehr vermisste ich anfangs die bunt zusammen gewürfelte Gruppe. Und auch Ipo brauchte einige Zeit, ehe er das wöchentliche Ritual vergessen hatte. Er lief noch einige Wochen zu der Uhrzeit an die Tür, um die wir üblicherweise von unseren Trainingspartnern abgeholt wurden.

Projekt Hundesitting

Dank weiterer Wohnmobilreisen hatte Ipo das Autofahren vollkommen angenommen. Er fühlte sich rundum wohl in seiner rollenden Hundehütte. Auch im PKW fuhr er liebend gerne mit. Im geparkten Auto schlief er tief und fest, wenn es an einem schattigen Platz stand und gut belüftet war. Wir waren heilfroh, dass sich Ipo mit dem Autofahren mehr als arrangiert hatte. Bevor Ipo bei uns eingezogen war, waren wir ständig auf Achse gewesen und diese Gewohnheit wollten wir auch mit Vierbeiner beibehalten. Wir verbrachten die Wochenenden gerne in den Bergen. Wir liebten das Meer und es gab keinen Urlaubstag, den wir zu Hause vergeudeten. Seit fast zwei Jahren war Ipo nun immer mit von der Partie, was ihm unter unseren Freunden den Namenszusatz „Frequent Traveller auf vier Pfoten" einbrachte. Allerdings wollten wir Ipo bereits in jungen Jahren damit vertraut machen, dass es Zeiten gibt, in denen er uns nicht begleiten kann. Für diesen Fall hatten sich bereits viele gute Freunde als Hundesitter angeboten, die Ipo liebgewonnen hatten. Während unserer Aufenthalte auf Maui/Hawaii hatten wir nette Menschen kennengelernt und mit einigen verband uns eine tiefe Freundschaft.

„Wir können doch das Angenehme mit dem Nützlichen verbinden und im Frühjahr nach Maui fliegen, um unsere Freunde wiederzusehen." Robert spielte seit geraumer Zeit mit dem Gedanken, Ipo für gewisse Zeit in andere Hände zu geben.

Ich konnte mich noch nicht so recht damit anfreunden Ipo für eine längere Zeit abzugeben. Aber ich wusste, dass es dringend nötig war, Ipo in jungen Jahren damit vertraut zu machen, auch einmal ohne uns zu sein und nicht erst dann, wenn es es dringend erforderlich war. „Sollen wir wirklich ohne Ipo in den Urlaub gehen? Und dann gleich für so lange Zeit? Vier Wochen ist das Minimum für eine Reise ans andere Ende der Welt."

„Ich habe ja nicht gesagt, dass wir Ipo in einer Hundepension unterbringen. Wir könnten unsere Freunde Kathrin und Thomas in München fragen. Sie haben letztes Jahr auf Maui geheiratet. Sie sind auch dem Zauber der Insel verfallen und sie lieben Ipo, als wäre es ihr eigener Hund."

„Das stimmt. Fragen können wir ja mal."

Ich hatte den Satz noch nicht zu Ende gesprochen, da war Robert schon am Telefon, um mit unseren Freunden zu sprechen. Ich vernahm Wortfetzen aus deren Zusammenhang ich den Zeitplan erahnte. „Mitte Februar bis Mitte März. Das würdet ihr machen? Perfekt. Bis nächste Woche. Dann können wir alles in Ruhe besprechen."

Robert hatte wieder aufgelegt. „Sie kommen uns nächstes Wochenende besuchen und dann können wir die Details klären."

Für Robert war eine Reise ohne Ipo bereits beschlossene Sache. Ich fühlte mich von ihm überrumpelt, wollte aber nicht sofort intervenieren, sondern mich erst einmal selbst damit auseinandersetzen. Ich grübelte die ganze Woche. Ipo war beileibe kein ängstlicher Hund. Er fand rasend schnell Vertrauen zu anderen Menschen und eroberte deren Herzen im Sturm. Kathrin und Thomas mochte Ipo besonders gern. Das Leben in der Großstadt würde ihm guttun. Er könnte viel Neues kennenlernen, vieles, das es auf dem Land nicht gab. Ipo würde U-Bahn fahren, in Stadtparks mit einer Unmenge von Hunden toben und sich in der stark frequentierten Fußgängerzone behaupten müssen. Kathrin hatte vor einiger Zeit bereits bei ihrem Arbeitgeber nachgefragt, ob sie einen Urlaubshund in das Büro mitbringen dürfte. Er stimmte zu und so hätte Ipo während unserer Abwesenheit eine Vollzeit-Rundumversorgung mit Familienanschluss.

„Erinnerst du dich, als wir Ipo nur für einen Tag bei unseren Freunden auf Sardinien ließen, um zur Hochzeit meines Bruders nach Sizilien zu fliegen", fragte ich Robert eines Abends in der Hoffnung, ihn doch noch umzustimmen. „Als wir zurückkamen war er stock beleidigt und würdigte uns keines Blickes."

„Ich weiß. Ipo war nicht sonderlich begeistert. Aber unsere Freunde haben uns versichert, dass er uns zu keiner Zeit vermisst hatte. Im Gegenteil, er hat sich pudelwohl bei ihnen gefühlt. Wir dürfen nicht zu lange warten, ehe wir Ipo wieder für bestimmte Zeit in fremde Hände geben. Je früher er sich daran gewöhnt, dass er auch mal woanders und mit jemandem anders zurechtkommen muss, umso besser."

Robert hatte Recht. Ich kam mir ziemlich blöd vor, wie ich mich vehement weigerte, Ipo auf bestimmte Zeit abzugeben. Ich kam mir vor wie eine richtige Glucke. Wenn ich etwas hasste, dann die Vorstellung, ich könnte mich zu einer entwickeln.

Bei der Abstimmung mit unseren Freunden passte alles perfekt zusammen. So manches Mal hatte ich schon erlebt, dass ich mich innerlich gegen etwas wehrte, was ich unbedingt tun sollte. Alles lief dann meist wie von selbst. Vor manchen Erfahrungen kann man sich nicht drücken, dachte ich. Dass sich die Vorbereitung von Ipos Stadtaufenthalt zu einem generalstabsmäßig geplanten Projekt entwickelte, ahnte ich zu diesem Zeitpunkt allerdings nicht.

Es waren noch gut acht Wochen bis zu unserer Abreise. Bis dahin mussten wir unsere Freunde in alles einführen, was sie zum Projekt „Urlaubsbetreuung Ipo" wissen mussten. Die Arbeitstage würde Ipo mit den beiden in der Stadt und die Wochenenden in unserem Haus auf dem Land verbringen. Für Fahrten während unserer Abwesenheit stellten wir unser Auto zur Verfügung. Man kann niemanden, und sei er ein noch so großer Hundefreund, zumuten, dass er sein Auto mit dem Duft von muffelndem Hundefell überzieht. Noch dazu, wenn der Hund von jedem Spaziergang vollkommen durchnässt zurückkehrt. Ipos Futterplan, Ausgehzeiten und Pflegebedarf ließen sich am besten in der Praxis demonstrieren. Und so kamen unsere Freunde ein Wochenende zu Besuch, um sich von uns als Hundehalter auf Zeit ausbilden zu lassen. Derweil bereitete ich eine Checkliste mit allem Wissenswerten vor.

Zu aller erst musste ich ihnen noch einmal Ipos Hang zum auspowern verdeutlichen. „Ipo zeigt nie an, wenn er nicht mehr kann. Diese Blöße würde er sich nie geben", erklärte ich mit Nachdruck. „Bitte gebt ihm ausreichend Zeit, sich zu regenerieren. Wenn er sich überanstrengt, grenzt er sich sofort ab, wenn ihm etwas nicht passt. Dann knurrt er schon mal andere Rüden an oder kläfft bei Weibchen zurück. Seine Gutmütigkeit schlägt dann schlagartig ins Gegenteil um." Die beiden nickten zustimmend und ich spürte, dass sie meine Ausführungen sogleich in den Wind schrieben. Kathrin schob auch gleich nach: „Ipo ist doch keine Bestie. Das kriegen wir schon hin. Er verzieht sich bestimmt auf sein Hundebett, wenn er Ruhe braucht. Außerdem hat er während der Arbeit ausreichend Zeit zum ausgedehnten Büroschlaf."

Im Anschluss gingen wir die zehnseitige Checkliste durch, die ich anhand der Ereignisse der letzten zwei Jahre mit Ipo zusammengestellt hatte.

An erster Stelle stand die tierärztliche Notversorgung, die wir des Öfteren in Anspruch nehmen mussten. Ipo schlug mit Vorliebe am Wochenende über die Stränge. Verstauchungen, Platzwunden, offene Pfoten, Humpelbein, Durchfall. Ipo hatte unseren Tierarzt häufig aus der wohlverdienten Sonntagsruhe geholt. Die Notfallnummer der Tierklinik mit Anfahrtsskizze und Ansprechpartner stand deshalb zu oberst auf unserer Liste. Für den Fall, dass Ipo wider Erwarten seine Eskapaden auf die Wochentage verlegen sollte, hatten wir einen Studienkollegen unseres Landtierarztes ausfindig gemacht. Er leitete eine renommierte Tierklinik am Stadtrand von München und war bereits vorab informiert und jederzeit zu einem Einsatz bereit.

„Ipo wird zusätzlich von einem Tierheilpraktiker betreut. Ihr könnt ihn jederzeit anrufen, wenn ihr Fragen zu seinem homöopathischen Therapieplan habt. Ansonsten ist er bestens eingestellt. Ich habe euch noch eine Liste der Medikamente und Erste-Hilfe-Maßnahmen aufgestellt, die sich bei Ipo bestens bewährt haben."

Erste Hilfe bei Ipos Wehwehchen

Schock, Unfall, vor Tierarztbesuch

Bachblüten Notfalltropfen. Zwei Tropfen direkt aus der Flasche auf die Mundschleimhaut geben.

Ohren

Ohrenentzündung tritt manchmal auf, wenn Waser vom Schwimmen in den Ohren bleibt. Meist beginnt sie mit einer vermehrten Produktion von braunem Ohrenschmalz. Später ist die äußere Ohrmuschel rot und entzündet.

Am besten vom Tierarzt das Ohr reinigen lassen und anschließend mit Salbe in blauer Packung behandeln, bis die Entzündung abgeklungen ist. Nachschub gibt's nur beim Tierarzt.

Augen

Bei Zugluft kann sich das Bindegewebe entzünden. Kennzeichen: Das weiße in den Augen ist gerötet. Vermehrter Ausfluss aus den Augen. Manchmal auch etwas gelblich, eitrig. Mehrmals täglich die Augentropfen aus der rotweißen Packung einträufeln. Nachschub gibt's in der Apotheke.

Durchfall/Magenerkrankungen

Weißes Pulver wie im Beipackzettel angegeben dosieren. Einen Tag fasten. Die nächsten Tage Haferschleim mehrmals täglich. Dann wieder Basis-Vollwertfutter mit Hüttenkäse geben. Ipos Betteln nach anderem Futter dringend widerstehen, sonst besteht die Gefahr eines Rückfalls. (Apotheke)

Entzündungen/Verletzungen

Bei sämtlichen Entzündungen, Verletzungen und offenen Wunden könnt ihr die Dragees aus der orangefarbigen Packung einsetzen. Am besten mit Frischkäse ummanteln, da Ipo sie sonst nicht frisst und gleich wieder ausspuckt. Nicht im Futter verstecken. Er findet sie mit Sicherheit und lässt sie zurück. Maximaldosis je ein Dragee morgens und abends. Achtung: Heilerfolge sind gepaart mit vermehrtem Pupsen. (Apotheke)

Schürfwunden und offene Wunden

Bei Schürfwunden äußerlich Salbenverband anlegen und darauf achten, dass Ipo nicht an der Wunde leckt. Sonst entsteht aus einem kleinen Riss binnen kurzer Zeit ein großer Abszess. Offene Wunden einmal täglich mit verdünnter Calendula Essenz ausreinigen und gut verbinden. Anschließend mit Wundbalsam einsprühen und verbinden. Ipo beißt angelegte Verbände zum Glück nicht ab, aber er ist meist so schnell unterwegs, dass sie sich von selbst ablösen. Plastiktüte beim Spaziergang umbinden, damit der Verband trocken bleibt. Nur kurze Spaziergänge, auch wenn Ipo nicht weiß, wohin mit seiner Energie und die Wohnung auf den Kopf stellt.

Überanstrengung, Muskelkater, Verstauchungen, Zerrungen

Dreimal täglich die kleinen weißen Tabletten in der blau-weißen Schachtel geben. Ein wahres Wundermittel zur Anregung der Wundheilung, bei Quetschungen und Blutergüssen. Schmerzstillend und Wundheilungsfördernd. Der Wirkstoff ist in Milchzucker eingebunden. Ipo frisst sie liebend gerne. Vorsicht: nicht überdosieren. Ipo ist geradezu gierig nach den kleinen Wunderpillen.

Die Telefonnummer des Apothekers sowie die Geschäftszeiten notierte ich fein säuberlich auf dem Zettel. Als ich meine Notizen zusammen mit Ipos homöopathischer Reiseapotheke übergab, reagierte Kathrin verwundert.
„Ipo ist doch ein junger, gesunder Hund. Ihr tut ja ganz so, als würdet ihr uns ein schwerkrankes, pflegebedürftiges Tier überlassen. Ich bin sicher, wir brauchen nichts von alldem. Aber gebt ruhig her."

Ich hatte bereits jetzt ein schlechtes Gewissen, was wir unseren Freunden mit Ipos Pflege aufbürdeten. Ipos Reiseapotheke nahm auf unseren Urlaubsreisen astronomische Dimensionen an. Früher waren wir mit einigen wenigen Notdragees quer durch Europa gefahren. Dank Ipo hatte ich nicht nur die Grundausbildung zur Tierarzthelferin absolviert. Ich hatte auch gelernt, wie man Zecken aufspürt und herausdreht, wo sich Flöhe mit Vorliebe einnisten und wie man sie am besten wieder los wird. Und ich weiß, wie man einen energiegeladenen Junghund dazu bringt, sich zumindest ein paar Tage zu schonen, damit sein Körper sich schnell wieder von der Krankheit erholt. Aber die Flüge waren gebucht. Es gab kein Zurück mehr. Ich schob schnell noch den Impfnachweis, die Daten zur Haftpflichtversicherung und die Bescheinigung der bezahlten Hundesteuer über den Tisch, bevor wir die alltäglichen Pflichten in Angriff nahmen.

Fütterung

Bitte Ipo ausschließlich mit biologischem Basis-Vollwertfutter ernähren. Keine Speisereste vom Tisch geben. Auch wenn er bettelt. Er verträgt sie nicht. Ihr könnt höchstens abwechselnd folgende Zutaten darunter mischen: Gedünsteter Brokoli, Vollkornnudeln, rohes Eigelb, Hüttenkäse, ein Esslöffel Thunfisch in Öl, Vollkornbrot. Bitte kein rohes Gemüse füttern. Ipo frühestens eine Stunde nach der Fütterung bewegen, sonst besteht die Gefahr einer Magendrehung.

„Ipo ist ein echter Feinschmecker", scherzte Tom. „Wir werden dir die Zeit bei uns natürlich mit dem richtigen Futter versüßen." Ich hoffte im Sinne meiner Freunde, dass sie Ipos Verdauungstrakt unliebsame Überraschungen ersparten. Spätestens dann, wenn sie nachts dreimal mit Ipo raus müssen, weil sein Magen rebelliert und er unpassendes Futter mit Durchfall quittiert, werden sie sich an meine Ausführungen erinnern, dachte ich und wechselte zum nächsten Punkt über.

Wasser

Ipo schlabbert Wasser am liebsten frisch gezapft. Steht das Wasser unberührt mehrere Stunden im Napf, rührt er es nicht an. Das bedeutet nicht, dass er keinen Durst hat. Ipo trinkt erst dann, wenn frisches Wasser eingefüllt wird. Keine Ahnung, weshalb er das tut. Aus Angst vor krankmachenden Keimen sicher nicht, denn beim Spaziergang trinkt er mit Vorliebe aus abgestandenen Pfützen, was sofort zu unterbinden ist.

Sonstige Pflege

Bei Matschwetter duschen und trocken rubbeln. Vorsicht! Ipo verwandelt jedes Badezimmer in eine schwimmende Landschaft. Am besten entkleidet man sich selbst und gesellt sich zu ihm in die Dusche. Noch in der Duschkabine abtrocknen. Natürlich erst Hund, dann Herr. Anschließend Ipo auf Hundedecke ablegen und mit Spannung betrachten, wie viel Restwasser aus dem vermeintlichen trockenen Fell noch entweicht, wenn sich Ipo auf dem Rücken wälzt und sich anschließend kräftig schüttelt.

Einmal wöchentlich Zähne putzen und Ohrenmuschel reinigen. Einmal täglich gründlich bürsten, wenn ihr die Hundehaare nicht noch Monate nach Ipos Auszug aus jeder Ritze ziehen wollt.

Mir wäre noch viel mehr eingefallen, was ich den beiden mit auf den Weg hätte geben können. Aber ich hatte Angst, sie würden sich das mit der Hundeurlaubsbetreuung noch einmal überlegen, wenn wir sie mit weiteren Vorschriften belegen. Außerdem waren wir zwar am anderen Ende jedoch nicht aus der Welt und über Telefon jederzeit erreichbar.

Der Tag des Abschieds war gekommen. Kathrin und Tom waren am Vorabend bei uns eingetroffen. Während Kathrin mit Ipo bei uns zu Hause blieb, sollte uns Tom am nächsten Morgen zum Flughafen fahren und unser Auto übernehmen. Ich lag die ganze Nacht wach und wälzte mich unruhig hin und her. Meine Unruhe übertrug sich auf Ipo. Mehrmals kam er an mein Bett und stupste mich mit der Nase. „Keine Angst Ipo. Du wirst mit Kathrin und Tom eine schöne Zeit verbringen. Es ist für alles gesorgt." Golden Retriever gelten als äußerst sensibel. Sie nehmen jede Gemütsänderung ihrer Besitzer wahr. Ipo hatte ausgesprochen seismographische Fähigkeiten. Man konnte nichts vor ihm verbergen. Instinktiv handelte er immer richtig. Er kuschelte sich zu mir, wenn ich traurig war und er brachte mir die Schuhe, wenn er dachte, es sei an der Zeit, dass ich mich körperlich austobe. Ipo hatte immer das richtige Rezept. Ich konnte mich also am nächsten Morgen nicht einfach davon stehlen und so tun, als wäre es ein Tag wie jeder andere. Ipo hätte mich sofort enttarnt. Er spürte es gleich, wenn ich mich anders verhielt, als ich fühlte. Trotzdem nahm ich mir fest vor, mich beim Abschied zusammenzureißen. Ein tränenüberströmtes Frauchen verhieß selten Gutes. Ich wollte Ipo nicht beunruhigen. Die Koffer waren im Auto verladen und es war Zeit, Lebewohl zu sagen. Mein Abschiedsschmerz brach mit voller Wucht hervor. Robert blieb gefasst. Ihm kullerten zwar einige Tränen über die Wange, aber er hatte sich viel besser im Griff.

Ipo wirkte verstört. Die Zeit drängte. Der Flieger würde nicht warten. „Komm wir müssen los." Robert nahm mich an der Hand und zog mich von Ipo weg. Es hört sich wirklich komisch an, aber jedes Mal, wenn ich während unseres Urlaubs an Ipo dachte, begann ich zu weinen. Wir waren abgelenkt und besuchten viele unserer alten Freunde. Die Tage vergingen wie im Flug. Das Highlight des Tages war ein Telefonat mit Kathrin und Tom über die Lage an der Heimatfront. „Ipo vermisst euch überhaupt nicht. Er ist gut gelaunt, verspielt und es geht im prächtig", lautete der Grundtenor. Ich war erleichtert und gleichzeitig enttäuscht. Die vergangenen Jahre schenkte ich Ipo meine ganze Liebe und er vermisste mich nicht ein bisschen? Das konnte doch unmöglich wahr sein, dachte ich und vermutete, dass mir Kathrin einiges verheimlichte. „Vielleicht will sie uns unseren Urlaub nicht vermasseln", sagte ich zu Robert, als ich den Telefonhörer auflegte.

„Warum sollte sie dich anlügen? Ipo ist keine Mimose. Er ist selbstbewusst und außerdem hängt er nicht im Gestern und an morgen denkt er schon überhaupt nicht. Es ist ihm ziemlich gleichgültig, wer mit ihm spazieren geht oder wer ihm die Futterdose aufmacht. Hauptsache er genießt vierundzwanzig Stunden Animationsprogramm."

Damit war für Robert die Sache erst einmal erledigt – bis zu dem Tag, als unsere Freundin Tracy vorbeischaute und eine Videokassette auf den Tisch legte. „Ich habe diesen Film gestern mit Begeisterung angesehen. Ihr habt doch auch einen Golden Retriever zu Hause und ich dachte ihr findet Spaß an der Geschichte." Auf Maui verbrachten wir wenig Zeit vor dem Fernseher, aber bei einem lustigen Hundefilm mit einem Golden Retriever in der Hauptrolle konnten wir nicht widerstehen. „Homeward Bound – Zurück nach Hause" hieß der Streifen. Ein in die Jahre gekommener Golden Retriever, ein junger Mischlingsrüde und eine Katze verstehen die Welt nicht mehr. Ihre Familie hat sie bei Freunden auf einer Farm untergebracht. Sie begreifen nicht, dass es sich nur um einen vorübergehenden Aufenthalt handelt. Sie beschließen auszubrechen und den Weg zurück nach Hause anzutreten. Humorvoll, witzig und voller Spaß! Diese ulkige Geschichte wollten wir uns nicht entgehen lassen. In unserer Situation fanden wir den Film aber alles andere als lustig. Wir fanden die Geschichte nur herzzerreißend und traurig. Am Ende saßen wir tränenüberströmt in unseren Fernsehsesseln und hatten eine Familienpackung Papiertaschentücher voll geschnäuzt.

Ich war vollkommen aufgelöst. „Ich rufe jetzt sofort bei der Fluggesellschaft an und buche unseren Flug um. Ich will nur noch nach Hause."

„Das kostet ein Vermögen. Wir haben die Flugtickets mit Bonusmeilen aus dem Vielfliegerprogramm bezahlt. Bei einer Umbuchung müssen wir die Differenz zum normalen Preis drauflegen", erwiderte Robert. „Bei einem dringenden Notfall steht das außer Frage. Aber nur wegen ein bisschen Herzschmerz plündere ich nicht unsere

Urlaubskasse." Robert versuchte mich zu beruhigen. „Das ist nur ein Fantasiefilm, verstehst du. Das hat nichts mit der Realität zu tun. Ipo geht es gut."

Ich kam wieder zu mir und lenkte ein. „In Ordnung. Bis zu unserer Abreise ist es nur noch eine Woche. Die stehe ich auch noch durch."

Verflixt. Jetzt waren wir wieder im Paradies und schon wieder machte uns Ipo einen Strich durch die Rechnung. Es gibt zigtausend Hundefamilien, die ohne Vierbeiner unbeschwerte Urlaubstage genießen. Warum nicht auch wir? Ich entschied, mir die Urlaubslaune nicht weiter verderben zu lassen und zählte doch insgeheim die Stunden, bis ich Ipo endlich wieder in die Arme schließen würde.

Während des Rückflugs malte ich mir unser Wiedersehen in den schönsten Farben aus. Ipo würde sich voller Freude in meine Arme werfen und mir überschwänglich das Gesicht lecken. Unser Hund wird sich förmlich überschlagen vor Freude, dachte ich.

Auf dem Rückweg vom Flughafen löcherte ich Tom. „Wir haben ein Hundetagebuch mit Bildern für euch angelegt. Darin findest du alles über Ipos Urlaubstage in unserer Obhut", verriet er vorschnell, damit er endlich Ruhe hatte von meinen bohrenden Fragen. Tom hatte noch nicht mal den Motor abgestellt. Ich lief zur Tür, die Kathrin bereits einen Spalt öffnete. Ipo schob seine Schnauze durch den Spalt. Als er mich erkannte, huschte er zwischen meinen Beinen hindurch und lief geradewegs auf den Fußballplatz hinter unserem Haus. Mit einer derartigen Abfuhr hatten wir beide nicht gerechnet.

Robert lief hinterher. „Warte hier. Ich regele das mit Ipo."

Ich blieb wir angewurzelt stehen. „Das gibt es doch nicht. Mit was habt ihr Ipo bestochen, dass er so beleidigt ist", rutsche es mir heraus und hätte mir am liebsten selbst eine aufs Maul gegeben.

„Wir hatten eine schöne Zeit miteinander. Wir waren ein richtig gutes Team. Das ist alles", antwortete Kathrin gekränkt und nahm meine Entschuldigung auch gleich an.

Inzwischen kamen Robert und Ipo zurück. Ipo legte sich beleidigt auf die Treppenstufe zum ersten Stock. Er würdigte uns keines Blickes. Er behandelte uns wie Luft.

Mit Tränen in den Augen überreichte uns Kathrin Ipos Hundetagebuch. „Wir haben viele unvergessliche Abenteuer erlebt. Wir werden Ipo vermissen."

Als ich in dem Büchlein blätterte und die Eintragungen überflog, wusste ich in welches Gefühlschaos sie der Abschied von Ipo bringen wird. „Ihr seid immer herzlich willkommen und wenn ihr Lust habt, könnt ihr Ipo gerne wieder mal für einige Tage bei euch aufnehmen."

„Das machen wir gerne", antworteten sie beide gleichzeitig. Sie hatten ihre Taschen bereits gepackt und verzichteten auf eine große Abschiedsszene. Sie schlossen Ipo kurz in ihre Arme und kehrten zurück in ihr Leben ohne Hund.

Normalerweise läuft nach der Rückkehr von einer Reise meine Waschmaschine auf Hochtouren. Ich sichte sogleich den Stapel unerledigter Post und organisiere meine anstehende Büroarbeit nach Prioritäten. Dieses Mal legte ich meine Beine hoch und schmökerte in Ipos Tagebuch. Unsere Freunde hatten sich alle Mühe gegeben und Ipo sichtlich ein tolles zu Hause geschenkt. Die eingeklebte Hundefahrkarte brachte den Nachweis. Ipo hatte sich zum echten U-Bahn Profi entwickelt. Im Büro schleppte er die Akten durch die Flure. „Vermutlich hat Ipo die Hauspost ziemlich entlastet", scherzte ich. „Der Nachbarshund wird aufatmen, wenn der aufmüpfige Golden Retriever weg ist und er sein Revier wieder für sich alleine hat. Die Konversation am Zaun war nicht immer freundlich", sagte Robert und blätterte weiter.

Ich musste laut lachen, als ich las, wie verstört Ipo die Abgeklärtheit der Stadthunde wahrnahm. So wie sich die Menschen auf dem Land gegenseitig grüßen, pflegten auch die Hunde ihre Begrüßungsrituale. Die Hunde in der Stadt aber liefen achtlos an Ipo vorbei. Es dauerte einige Tage, ehe er sich daran gewöhnt hatte, dass er in der Fußgängerzone und im Stadtpark nicht jeden Hund persönlich begrüßen konnte.

Ipo vertilgte die doppelte Futterration wie zu Hause. Kathrin gestaltete Ipos Speiseplan äußerst abwechslungsreich. Mir war klar, dass ich mich ganz schon anstrengen musste, um Ipo ein ähnliches Angebot aufzutischen. Mit seinem Hundefutter würde sich Ipo nicht zufrieden geben. Er hatte sich zu einem Hundegourmet entwickelt, der nicht nur wert auf ausgewogene, sondern vor allem auf schmackhafte Nahrung legte. Ipo hatte kein Gramm Fett angesetzt. Im Gegenteil er war muskulöser und durchtrainierter als vor unserer Abreise. Die beiden hatten unzählige Bergtouren mit ihm unternommen und die abendliche Joggingrunde im Park war obligatorisch. In meinen Augen hatte Ipo einen gelungenen Urlaub bei unseren Freunden verbracht. Es dauerte noch drei Tage, ehe Ipo seine Bestrafung durch Missachtung aufhob. In dieser Zeit ignorierte er unsere Befehle, fraß mäßig und unterdrückte jeglichen Spieltrieb.

„Obwohl es Ipo an nichts fehlte, will er uns nicht ungeschoren davon kommen lassen", sagte ich zu Robert.

„Ja, Ipo baut vor. Aber bei der Pflege würde ich ihn durchaus wieder mal für ein paar Tage bei unseren Freunden abliefern", erwiderte Robert.

Vermutlich hätte uns Ipo noch weiter schmachten lassen, aber er hatte plötzlich einen kompletten Energiezusammenbruch. Der Tierarzt betrachtete ihn mit ernster Mine. „Was habt ihr denn mit dem Hund gemacht? Der ist ja vollkommen ausgebrannt. Ich gebe ihm gleich eine Infusion. Dann kommt er schnell wieder zu Kräften."

„Typisch Ipo", sagte ich und hob ihn auf den Behandlungstisch. „Du hast wieder einmal alles gegeben." Bisher hatte ich nicht davon gehört, dass Hunde auch vom Burnout betroffen sein können. Einmal mehr entpuppte sich Ipo als ein außergewöhnliches Hundeexemplar. Bei Kathrin und Tom hatte er keine Anzeichen von Schwäche gezeigt. Erst hinterher, als er zur Ruhe kam, brach er zusammen.

Wintermüde

Es war November. Zäher Nebel legte sich über Wiesen und Felder. Das trostlose Einheitsgrau des Nebels ging in Nieselregen über. Die Sonne hatte sich seit Wochen nicht mehr blicken lassen. Wir planten unseren diesjährigen Weihnachtsurlaub, als Robert eine vollkommen verrückte Idee präsentierte.

„Was hältst du davon, wenn wir Weihnachten ans Meer fahren?", fragte er.

„Wohin? Ans Meer? Auf Sardinien ist es um diese Zeit regnerisch und nasskalt. Und am Festland hat fast alles geschlossen. Wir haben zwei Wochen Urlaub und allzu weit werden wir da nicht kommen."

Eine Reise ans Meer führte bei uns bereits gedanklich immer gegen Süden. Der Norden von Deutschland kam allenfalls im Hochsommer infrage wenn die Strände im Süden hoffnungsvoll überfüllt oder die Hitze für Ipo unerträglich waren.

„Ich dachte an Tarifa in Andalusien. Es liegt direkt an der Straße von Gibraltar."

Ich wusste, dass Robert als Student einen Winter dort verbracht hatte. Ursprünglich hatte er mit Freunden auf die Kanaren zum Windsurfen fahren wollen. Aber ihr altersmüdes Auto hatte bereits auf dem Weg zur Fähre den Geist aufgegeben, und so waren sie in Tarifa gelandet.

Er würde deshalb wissen, wie sich der Ort an der Costa de la Luz im Winter präsentiert und deshalb zeigte ich mich interessiert. „Wie weit ist es von uns bis Tarifa?"

„Etwa zweitausendachthundert Kilometer."

„Bis zum Fährhafen nach Sardinien sind es etwa neunhundert Kilometer und du möchtest allen Ernstes beinahe dreitausend Kilometer zurücklegen, nur um an Weihnachten in den Wellen zu surfen und den Sonnenuntergang am Meer zu genießen?"

„Was spricht dagegen?"

„Im Grunde nicht viel. Nur meine Vernunft."

„Das ist nicht genug. Stell dir nur vor: endlose Strandspaziergänge mit Ipo am Meer bei Sonne und Wärme."

„Überzeugt. Ich bin dabei."

Hätte ich gewusst, mit welchen Reisestrapazen unser Kurztrip nach Andalusien verbunden sein sollte, hätte ich auf einen Winterurlaub in den Bergen bestanden – selbst dann, wenn wir im Schnee versunken und eingeschneit gewesen wären.

Wir starteten noch vor dem großen Weihnachtsreiseverkehr. Es goss in Strömen. Starker Nordwestwind peitschte den Regen gegen die Windschutzscheibe. Unser Weg führte mit zwei Übernachtungen durch die Schweiz nach Frankreich bis hinter Valencia in Spanien. Die Autobahnen waren bestens ausgebaut, aber wir kamen nur langsam vorwärts. Unser Wohnmobil war vollgepackt, als würden wir eine Wüstenexpedition unternehmen. Wir hätten locker den gesamten Urlaub als Selbstversorger verbringen können. Mit Ausnahme von ausreichend Trinkwasser hatten wir alles im Gepäck. Mit jedem Kilo, das wir überladen hatten, nahm unsere Reisegeschwindigkeit entsprechend ab.

„Ich komme mir vor wie ein Lastwagenfahrer", schrie ich gegen den lauten Regen und die Motorengeräusche unseres LKW ähnlichen Gefährts an. „Hut ab vor deren Leistung."

„Ja, manche legen diese Strecke einmal die Woche zurück", erwiderte Robert. „Allerdings machen sie deutlich weniger Stopps als wir mit Vierbeiner."

Ipo schlug sich wacker. Wenn sich einer von uns beiden im zum Bett umfunktionierten Heck des Wohnmobils ausruhte, blieb Ipo stets neben dem Fahrer sitzen. Auch wenn ihm gelegentlich vor Müdigkeit die Augen zufielen, kam er seiner Rolle als Copilot mit eiserner Disziplin nach. Die Raststätten waren auf den ersten Blick gut gepflegt. Ipos Hundepfoten mussten sich auf den Rasenflächen jedoch vor Glasscherben und allerlei Unrat in Acht nehmen.

Einen Tag vor unserer Abreise kam Ipos Hundeschulkamerad Amadé zu Besuch. Ipo war übermotiviert und stürmte wieder einmal viel zu schnell über die Türschwelle. Er verletzte sich leicht an der Kralle. Wir hatten den Vorfall schon wieder vergessen, aber als Ipo am Campingplatz in Spanien vor Schmerzen weder aufstehen noch laufen konnte, forschten wir nach der Ursache. Robert kam die Verletzung an der Pfote in den Sinn. Er trug Ipo zum Waschhaus. Wir reinigten die Pfote gründlich unter fließendem Wasser. Die Kralle war aufgebrochen. Darunter hatte sich jede Menge eitriges Sekret angesammelt.

„Was jetzt", stammelte ich. Ipos Motto im Umgang mit

Krankheit hieß stets: Ein Indianer kennt keinen Schmerz. Nur dieses Mal war der Schmerz zu groß, als dass er ihn ignorieren konnte. „Ich verstehe das nicht. Bis gestern Abend lief er vollkommen normal. Nicht einmal ein leichtes Hinken, nichts."

Ich kramte in der Reiseapotheke nach einem schmerzstillenden Antibiotikum, das uns der Tierarzt für Notfälle mitgegeben hatte. Ipo konnte nicht stehen, aber er musste sich dringend lösen. Robert nahm ihn auf den Arm und trug ihn quer über den Campingplatz zum Ausgang. Ein kleiner, frecher Mischlingsrüde kehrte gerade vom Spaziergang zurück. Ipo hatte nichts anderes im Sinn, als ihn mit einem tiefen Knurren mächtig in die Schranken zu weisen. Ich wollte nicht glauben, was ich da sah. Der Kleine hatte sich abends zuvor mächtig aufgespielt, aber mir erschien es angesichts Ipos Gesundheitszustand vollkommen überflüssig, den Stänkerer der Art zurechtzustutzen. Kleine Hunde fühlen sich zuweilen stärker auf Herrchens Arm, aber ein ausgewachsener Golden Retriever wie Ipo hatte die Rückendeckung doch nun beileibe nicht nötig. Die Tablette zeigte Wirkung. Zurück im Wohnmobil schlief Ipo sofort ein. Er fraß nicht, er trank nicht. Ich machte mir große Sorgen. Robert drängte zur Weiterfahrt. Wir hatten bereits zwei Drittel der Strecke zurückgelegt. Der Weg nach Hause war jetzt weiter als nach Tarifa. Wir packten unsere sieben Sachen und fuhren weiter gen Süden.

„Wenn wir erst einmal in Tarifa sind, kommt Ipo zur Ruhe", versuchte mich Robert zu beruhigen. Wenn Ipo nur das Geringste fehlte, litt ich mit ihm. Robert kannte mich und meine dann auftretenden Panikattacken. Zum Glück behielt er angesichts eines im Delirium liegenden Hundes und eines panischen Frauchens einen kühlen Kopf.

Tarifa empfing uns mit strahlendem Sonnenschein. Wehmütig sah ich auf den kilometerlangen Sandstrand, hinter dem sich unser Campingplatz befand. „Hoffentlich geht es Ipo bald wieder besser. Unvorstellbar, wenn er den ganzen Weg bis hierher gemacht hat, nur um an der Leine durch den Pinienwald zu schlendern."

„Keine Sorge. Morgen sieht die Welt wieder besser aus. Ipo wird noch ausreichend Gelegenheit haben, um im Sand zu buddeln, über den Strand zu fegen und im Meer zu schwimmen."

Tatsächlich kam Ipo schnell wieder zu Kräften. Bereits zwei Tage nach unserer Ankunft war die Verletzung ausgeheilt und einem Strandspaziergang stand nichts mehr im Weg. Die Luft war herrlich mild. Das Meer glitzerte in der Sonne. Ipo schwamm mit den Wellenreitern im Wasser. Es war Ebbe. Das Wasser zog sich zurück. Der feuchte Sand war fest, beinahe wie betoniert. Robert warf unermüdlich Tennisbälle. Wenn sie auf dem festen Untergrund auftrafen, sprangen sie hoch zurück in die Luft. Ich setzte mich in den Sand und beobachtete die beiden, wie sie im gemeinsamen Spiel aufgingen. Allein deshalb hat sich die Reise hierher gelohnt, dachte ich.

Ipo befand sich in einem wahren Spielrausch. Wie ein Footballspieler hechtete er den Bällen hinterher, um sie in der Luft zu fangen. Die weit auseinander liegenden Pfotenabdrücke im Sand zeugten von seiner immensen Sprungkraft. Das war ein Spiel genau nach seinem Geschmack. Weit und breit keine Menschenseele, auf die er achten musste. Er hatte freie Bahn und nur den Ball im Blick, er fing er ihn in der Luft und apportierte ihn ein ums andere Mal. Ipo war unermüdlich. Man konnte meinen, irgendwann würde es selbst Ipo langweilig, den Ball wieder und wieder zu fangen und zurückzubringen. Weit gefehlt. Ipo war ein echter Retriever und geradezu süchtig nach Apportierarbeit. Sobald Robert das Spiel nur für kurze Zeit unterbrach, forderte Ipo durch lautes, anhaltendes Bellen nach seiner Fortsetzung. So gerne ich die beiden beobachtete, wie sie in ihrem Tun aufgingen, so sehr wusste ich, dass Ipo nach der üblen Krallenverletzung nicht über die Stränge schlagen durfte. Obwohl der Sand jeden Schritt dämpfte, holte Ipo Energie und Kraft aus jeder Faser seines Körpers. Sein Immunsystem kam gerade wieder auf Vordermann. Ich mahnte zu Mäßigung. „Ich glaube, das reicht jetzt. Ipo übernimmt sich sonst." Robert nickte und steckte den Ball in die Jackentasche. „Schluss, Ipo. Jetzt ist genug. Wir spielen morgen wieder." Ipo warf mir einen verächtlichen Blick zu. Er wusste genau, wem er das abrupte Ende zu verdanken hatte. „Spielverderber", deutete er mir. Ich konnte mit der Abstrafung leben, denn mir war ein gesunder Ipo täusendmal mehr wert als ein zufriedener, aber ausgezehrter Balljunkie.

Am Abend begann es leicht zu regnen. Robert wusste, wie sehr ich Regen beim Campen hasste. Unser Hund kehrte von den Spaziergängen am Meer vollkommen durchnässt zurück. Erst ab Trocknungsstufe eins durfte er ins Wohnmobil. Ipos Fell war dann zwar immer noch leicht feucht, aber nicht mehr triefend nass. Bis dahin musste er draußen in der Sonne bleiben. Wenn allerdings draußen die Nässe auch noch von oben kam, schwanden die Chancen auf einen einigermaßen trockenen Hund. Kein Wunder also, dass aufziehende Tiefdruckgebiete meine Stimmung dämpften. Wie lebten im Urlaub gerne in den Tag hinein und interessierten uns wenig für das Tagesgeschehen. Wir waren bewusst offline und ohne Fernseher unterwegs. Für Reisen hatten wir eine Handynummer, die nur unsere Familie kannte und ins Internet gingen wir nur, um nach dem aktuellen Windwetterbericht zu sehen. Allerdings hatten wir diesen seit unserer Ankunft nicht gecheckt. Hätten wir das getan, hätten wir uns zumindest seelisch auf die Regenzeit in Andalusien vorbereiten können.

Am nächsten Morgen goss es wie aus Eimern. Der Himmel hatte seine Schleusen weit geöffnet. Wir verkrochen uns im Wohnmobil, aber irgendwann muss ein Golden Retriever vor die Türe, denn eine Bordtoilette für Hunde war und ist leider bis heute noch nicht erfunden.

„Das bisschen Regen kann doch unsere Urlaubslaune nicht trüben", scherzte Robert. „Komm, wir gehen mit Ipo an den Strand."

Ich willigte ein. Ich konnte ja nicht ahnen, dass der Dauerregen gerade mal den Anfang der Schlechtwetterzone markierte und wir die nächsten Tage sprichwörtlich im Wasser versinken würden. Wir zogen uns die Regenjacken über und spazierten mit Ipo ans Meer.

„Ipo ist es ziemlich egal, ob das Wasser nur von unten oder auch von oben kommt. Er hat immer Spaß", sagte ich zu Robert, als ich Ipo dabei beobachtete, wie er genüsslich im Meer planschte.

„Ja, nimm dir ein Beispiel an ihm.", erwiderte Robert, um gleich noch klug nachzusetzen. „Es gibt kein schlechtes Wetter, sondern nur schlechte Kleidung."

Wir waren beileibe kleidungstechnisch bestens ausgerüstet. Regenjacke, wasserdichte Hose und Schuhe hatten wir immer im Gepäck. Allerdings musste die beste Regenkombi irgendwann auch wieder trocknen, um funktionsfähig zu bleiben. Der Campingplatz war überwiegend auf Sommerbetrieb eingestellt und bekannterweise regnet es in Südspanien dann wenig. Die Regenrinnen waren nicht auf solche Regenmengen ausgelegt. Als wir vom Strandspaziergang zurückkehrten, stand das Wasser beinahe bis zur Einstiegsstufe der Wohnmobiltür und unser Stromkabel war dabei, im Wasser zu versinken. Robert baute mit einem Besen und den herabgefallenen Piniennadeln einen Damm, der das Wasser an unserem Wohnmobil vorbeileiten sollte. „Fürs Erste funktioniert das. Aber lange darf es nicht mehr regnen", erklärte er

fachmännisch, als wäre er irgendwann einmal im Damm-
bau tätig gewesen.

„Ich habe Ipo erst mal trocken geföhnt. Irgendwo müssen wir die nassen Sachen aufhängen. Die kleine Nasszel-
le quillt bereits über", antwortete ich verzweifelt.

Ipo hasste die Föhnluft, aber hier handelte es sich eindeutig um eine Notsituation. Ich kannte kein Pardon. Für
Ipo war stets die unverfälschte Natur das beste Schön-
heitsrezept. Ein Besuch im Hundesalon käme für Ipo mit
der Höchststrafe gleich.

Obwohl die Nächte empfindlich kalt waren, hatten wir
die Heizung bisher noch nicht gebraucht. Die Sonne
wärmte die Wohnkabine ausreichend. Im Handumdrehen war es wohlig warm. Jetzt brauchten wir jede Menge
trockene Heizungsluft. Die Fenster waren beschlagen und
die Luftfeuchtigkeit in der Kabine schätzte ich auf über
neunzig Prozent.

„Wir drehen die Heizung für eine Stunde voll auf und
gehen derweil in die Strandbar um die Ecke", riet Robert.

„Aber Ipo ist gerade trocken", entgegnete ich.

„Ipo kommt um, wenn er in der Kabine bleibt. Willst du
nun trockene Sachen oder nicht", antwortete Robert
genervt.

Ipo noch einmal trocken zu rubbeln, schien mir das
geringere Übel. Und es ist ein großer Unterschied, ob man
einen Hund trockenlegt, der im Meer gebadet hat oder der
lediglich ein paar Meter im Regen spaziert ist. Der Weg zur
Strandbar führte am Meer entlang. Das Risiko, dass Ipo
ins Wasser sprang, war groß und deshalb behielt ich ihn an
der Leine.

Normalerweise haben Hunde in spanischen Restaurants nichts verloren. Der Barbesitzer hatte Mitleid mit uns. Wie ein Häufchen Elend stand ich am Tresen. Er nickte zustimmend, als ich ihn bat, Ipo ausnahmsweise drinnen aufzunehmen. Im Gegensatz zum Hochsommer waren zahlende Gäste im Winter dünn gesät. Vermutlich ahnte der Barbesitzer, dass seine gut beheizte Bleibe unsere Auffangstation werden würde. Bei der Aussicht auf Geldsegen drückte er gerne ein Auge zu und erlaubte einem Gast auf vier Pfoten Zutritt.

Das Tiefdruckgebiet fühlte sich unsagbar wohl über Tarifa und nistete sich auch die nächsten Tage ein. Unser Urlaub fiel buchstäblich ins Wasser. Wir träumten von Strandspaziergängen in der warmen Wintersonne. Dabei waren unsere Tage damit ausgefüllt, unser Wohnmobil vor dem Ertrinken zu retten. Wir entwickelten Galgenhumor. „Am Tag unserer Abreise lacht die Sonne vom Himmel", scherzte ich.

„Das wäre der Gipfel", antwortete Robert.

Und tatsächlich klarte am Vorabend unserer Abreise der Himmel auf. Eine sternenklare Nacht deutete darauf hin, dass das Tief weitergezogen war und anderswo für Ärger oder für dringend benötigten Regen sorgte. Die gesamte Heimreise begleitete uns ruhiges Hochdruckwetter und strahlender Sonnenschein. Und als hätten wir nicht schon genug Strapazen erlebt, legten wir die gesamte Strecke nach Hause an einem Stück zurück. Nach achtunddreißig Stunden Fahrzeit parkten wir unser Wohnmobil und fielen erschöpft in unser kuschelig warmes, mit Schafwolldecken ausgestattetes Bett.

Sonne satt

Während der langen Tage und Nächte im Wohnmobil, in denen uns lediglich der Ausflug an die Strandbar Ablenkung verschafft hatte, hatten wir die nächste vollkommen verrückte Idee gesponnen.

„Traifa war wettertechnisch ein Reinfall. Aber ich würde so gerne einmal den Winter mit euch im Süden verbringen."

„Das ist typisch. Hast du immer noch nicht genug. Möchtest du nächstes Jahr an Weihnachten eventuell noch weiter in den Süden, Richtung Portugal, an die Algarve?", fragte ich.

„Nein, besser. Wir könnten doch den Winter auf den Kanaren, den Inseln des ewigen Frühlings verbringen."

„Aber wir sind doch keine Rentner. Wir stehen voll im Berufsleben. Wie soll das gehen?"

„Ganz einfach. Wir organisieren alles so, dass wir fünf Monate, November bis März, abkömmlich sind. Komm schon, lass den Gedanken doch einfach mal zu."

Den Winter für ein Jahr komplett ausfallen zu lassen und selbst im Januar mit Shorts durch die Gegend laufen – das klang sehr verlockend. Noch dazu hatte uns vor kurzem unser Freund Paul sein Haus auf Gran Canaria angeboten. Es lag direkt am Meer. Er wollte für einige Zeit verreisen und suchte zuverlässige Haussitter für die kommende Wintersaison. „Na gut, ich denke darüber nach. Aber nur unter einer Bedingung."

„Die wäre."

„Ipo kommt mit."

„Natürlich ist Ipo dabei. Du glaubst doch nicht, dass ich Ipo zu Hause lasse. Ich hatte doch gesagt mit euch zwei."

Auch wenn Paul beteuerte, dass sich Gran Canaria an vielen Orten seine Ursprünglichkeit bewahrt hatte, verbanden wir die Insel mit Massentourismus und Touristenenklaven, Betonburgen und Ballermann. Das war nichts für uns. Schon gar nicht in Begleitung eines Vierbeiners. Andererseits wussten wir, dass Gran Canaria eine der wenigen Destinationen ist, die auch im Winter schönes Wetter garantieren und mit Hund relativ problemlos erreichbar sind.

„Bevor ich so einer Reise zustimme, möchte ich die Insel besuchen und mir ein Bild machen."

„Gute Idee. Wir geben Ipo eine Woche zu Kathrin und Tom und fliegen nach Gran Canaria. Mit einem Leihauto durchkämmen wir die Insel nach allen Himmelsrichtungen und checken das Haus von Paul." Robert hatte gedanklich bereits alles geregelt.

„Mal angenommen, die Insel gefällt uns und wir könnten uns vorstellen, den Winter dort zu verbringen", formulierte ich vorsichtig. „Würdest du Ipo dann in eine Flugbox geben?"

„Ich weiß nicht. Aber auch dafür finden wir eine Lösung. Es gibt auch eine Fährverbindung vom spanischen Festland auf die Kanaren."

Roberts Augen funkelten. Er war Feuer und Flamme

und ich wusste, dass er jedes Hindernis aus dem Weg räumen würde.

Wir weihten erst einmal niemanden in unsere Pläne ein. Ich war selbst noch voller Zweifel. Wohlgemeinte Ratschläge von Familie und Freunden wollte ich mir in der Planungsphase ersparen. Sie hätten das verrückte Reiseprojekt bereits zu Beginn torpediert. Vermutlich hätten sie nur meine eigenen Ängste benannt. „Ihr könnt doch unmöglich euer Unternehmen für fünf Monate alleine lassen." „Schnapsidee, das könnt ihr machen, wenn ihr im Ruhestand seid. Eine Woche Skiurlaub tut es doch auch." Und gerade deshalb wollte ich erst einmal selbst mit mir ins Reine kommen, um in Ruhe eine vernünftige Entscheidung zu treffen.

Wir tarnten unseren Ausspähtrip als Kurzurlaub ohne Vierbeiner. Niemand schöpfte Verdacht. Eine Woche Gran Canaria war nicht ungewöhnlich und wir konnten unbehelligt, ergebnisoffen unsere Idee weiterspinnen. Kathrin und Tom nahmen Ipo mit Begeisterung für eine Woche auf.

Wir durchkämmten die Insel von Nord nach Süd und von Ost nach West. Wir stellten alles bezüglich Hundetauglichkeit auf den Prüfstand. Hinsichtlich Hundefreundlichkeit rangiert die iberische Halbinsel auf den hinteren Plätzen. Gran Canaria liegt gleich auf. Der Massentourismus konzentrierte sich tatsächlich auf den Süden der Insel, rund um die weltbekannten Dünen von Maspalomas. Die Appartementanlage lag einen Kilometer vor den großen Touristenzentren. Malerisch schmiegten sich die kleinen Häuser an die Küste. Vom Touristenrummel blieben wir hier verschont. Allerdings waren auch dort für Hundepfoten geeignete Spazierwege dünn gesät. Das Hinterland war so gut wie nicht besiedelt, aber es bestand aus einer Wüste aus Staub und schroffen Steinen. In nördlicher Richtung entdeckten wir einen unbebauten Küstenabschnitt, an dem ein Weg entlang führte. Allerdings gelangte man nur von der Staatsstraße über einen holprigen Pfad zum Einstieg. Die Schotterpiste konnte man nur mit einem Geländewagen passieren. Mit unseren kleinen Leihwagen war an eine Erkundung nicht zu denken.

„Wenn wir erst einmal auf der Insel sind, kommen wir schnell in Kontakt mit anderen Hundebesitzern. Ipo ist nicht der einzige deutsche Vierbeiner, der auf Gran Canaria überwintert. Es gibt sicherlich Geheimtipps auf der Insel und notfalls nehmen wir den kleinen Sandstrand vor dem Haus und münzen die Gassi- in eine Schwimmrunde um“, sagte Robert wie aus der Pistole geschossen, als er beobachtete, wie ich beim Anblick der Spaziermöglichkeiten die Nase rümpfte.

„Wir brauchen dringend Freiflächen, auf denen Ipo toben kann. Hier schneidet er sich nur die Pfoten auf“, unterstrich ich meinen Missmut.

In öffentlichen Verkehrsmitteln werden Hunde in Spanien nicht transportiert. Das war auf den Kanaren nicht anders. „Wir brauchen sowieso einen Leihwagen oder setzen mit der Fähre über und nehmen das eigene Auto mit.“ Auch dass in den Restaurants Hunden der Zutritt verwehrt wird, störte Robert nicht. „Wir haben im Haus einen Esstisch mit Meerblick. Was willst du mehr?“ Ihn hatte das Reisefieber gepackt. Und es gab kein Zurück. Obwohl ich die Idee hier zu überwintern auf Herz und Nieren prüfen wollte, setzte ich meine rosarote Brille auf. Statt auf die Vernunft hörte ich auf mein Herz. In der Abflughalle des Flughafens stand bereits fest, dass wir den kommenden Winter nicht zu Hause, sondern hier in der Sonne und im Licht verbringen würden.

Der Deal mit unserem Freund Paul war perfekt. Er war heilfroh, dass wir uns um sein Haus kümmern wollten. Wir mussten lediglich die Kosten für Wasser, Strom, Müll und die monatliche Servicepauschale des Verwalters aus unserer Tasche bezahlen. Das war mehr als günstig und Robert triumphierte. „Du wirst sehen. Der Winter hier kostet weniger, als wenn wir ihn zu Hause verbringen." Wir verdonnerten Paul zu absolutem Stillschweigen. Wir wollten die Bombe mit unserer fünfmonatigen Abwesenheit spät und im richtigen Moment hochgehen lassen. Nur im Unternehmen weihte Robert einen erfahrenen und äußerst fähigen Mitarbeiter in unsere Pläne ein. Er wollte sich gerne der Herausforderung stellen und während unserer Abwesenheit das Unternehmen leiten. Als Freiberufler nahm ich für diese Zeit keine Aufträge an. Nachdem wir die beruflichen Weichen gestellt hatten, organisierten wir alles weitere. Die Frage nach dem geeigneten Transportmittel beschäftigte uns am meisten.

„Auch wenn wir einen Direktflug buchen und Ipo ein leichtes Beruhigungsmittel verabreichen, fühle ich mich nicht wohl bei dem Gedanken, ihn in einer Flugbox zu transportieren. Nicht auszudenken, wenn er falsch verladen und irgendwo anders landen würde", sagte ich.

„Ipo ist wesensfest. Ich bin sicher, eine Reise im Flugzeugbauch würde bei ihm keine schwerwiegenden Folgen haben. Allerdings habe ich Bedenken, dass wir unser gesamtes Gepäck im Flugzeug transportieren können. Überleg mal. Windsurfutensilien, Hundefutter und -kekse, Kleidung, Reiseapotheke. Da kommt ganz schön was zusammen. Am besten wir nehmen unser Wohnmobil und setzen mit der Fähre über." Robert übernahm die Organisation der Anreise. Ich kümmerte mich um Ipos Gesundheitsvorsorge wie Impfungen, Parasitenprophylaxe und besorgte die Reiseapotheke beim Tierarzt. Bei der Einreise mussten wir für Ipo außerdem ein vom Amtstierarzt erstelltes Gesundheitszeugnis vorlegen. Mit unseren Vorbereitungen lagen wir voll im Zeitplan. Eine Woche vor unserer Abreise weihten wir meine Mutter und Roberts Eltern ein. Sie fielen aus allen Wolken. „Was, seid ihr jetzt vollkommen übergeschnappt?" Es war vielmehr die Tatsache, dass wir sie derart überrumpelt hatten, als dass sie uns diese Reise nicht gegönnt hätten, weshalb sie der Art aufgebracht reagierten. Sie beruhigten sich schnell. Auch wenn sie ein wenig traurig darüber waren, dass sie Weihnachten ohne uns feiern würden, wünschten sie uns alles Gute. Sie freuten sich für uns, dass wir uns diesen Traum erfüllen konnten.

Seit Wochen beobachteten wir die Großwetterlage. Unsere Fähre lief Ende November von Cádiz aus. Bevor wir zweieinhalb Tage über den Atlantik schipperten, wollten wir auf dem Festland ein paar Tage zur Ruhe kommen.

Tarifa lag etwa einhundertfünfzig Kilometer vom Ablegehafen entfernt und war damit ideal für die Atempause. Wir planten unsere Fahrt nach Gran Canaria mit einem großzügigen zeitlichen Puffer und fuhren in Deutschland etwa drei Wochen vor unserem Fährtermin los. Ein frühzeitiger Wintereinbruch drang uns zur Eile. Unser Weg führte durch die Sierra Nevada. Mit 3482 Metern ist es das höchste Gebirge der iberischen Halbinsel, weshalb die deutsche Übersetzung mit „schneebedecktes Gebirge" mehr als passend ist. Anfang November rechneten sie dieses Jahr bereits mit Schnee. Jetzt mussten wir Gas geben. Innerhalb eines Tages packten wir unsere Sachen und düsten los. Der Winter war uns dicht auf den Fersen.

Während hinter uns aufgrund von Schnee und Eis chaotische Straßenzustände herrschten, passierten wir Zug um Zug die uns bereits bekannten Streckenabschnitte und erreichten ohne große Vorkommnisse zwei Tage später unseren Campingplatz in Tarifa.

Bis zur Abfahrt unserer Fähre blieben uns noch mehr als zwei Wochen, die wir bei strahlendem Sonnenschein genossen. Mit jedem Tag, den die Schiffspassage näher rückte, wurden wir nervöser. Man hatte uns zwar versichert, dass ein Hundedeck an Bord ist, uns allerdings auch ausdrücklich darauf hingewiesen, dass Hunde keinesfalls in die Kabinen mitkommen durften. Wir entschieden, den Hafen erst einmal ohne Ipo und Reisegepäck zu inspizieren. Wir ließen beides zurück am Campingplatz und nahmen Kurs auf Cádiz. Wir checkten die Auslauffläche und beobachteten die Abfertigung eines Schiffes. Wie Detektive inspizierten wir jedes Detail. Alles lief ohne besonde re Vorkommnisse und so kehrten wir beruhigt wieder nach Tarifa zurück.

Am Abfahrtstag waren wir rechtzeitig am Hafen. Gegenüber dem Hafengelände entdeckte ich eine Parkanlage. Die Grünfläche entpuppte sich als Treffpunkt der umherstreunenden Katzen von Cádiz. An jeder Ecke lauerte ein verflohtes Exemplar, um bei den Besuchern des Parks etwas Fressbares zu ergattern. Ipo wurde als fremder Eindringling sofort von allen Seiten gemobbt. Ehe sich die Angelegenheit hochschaukeln konnte, suchte ich mit ihm das Weite. Wir kehrten zum Fährhafen zurück. Kurz darauf begann die Verladung. Ipo blieb ruhig. Von seinen Reisen nach Sardinien kannte er den Ablauf nur zu gut. Robert parkte das Wohnmobil. Wir schnappten uns die Tasche, die wir für die Überfahrt gepackt hatten. Darin waren Schlafsäcke, Isomatten, Hundefutter, Wasser, Napf und Hundeschwimmweste. „Hoffentlich haben wir an alles gedacht", sagte ich unsicher. „Bis zum ersten Stopp auf Teneriffa sind wir mehr als zweiunddreißig Stunden unterwegs."

Offiziell durften Reisende während der Fahrt nicht zum Auto, aber wir hofften darauf, dass der zuständige Offizier im Notfall eine Ausnahme machen würde.

Wir checkten am Informationsschalter ein und nahmen unseren Kabinenschlüssel entgegen, als ein uniformierter hoch dekorierter Offizier Ipo entdeckte. Er sprach erst spanisch, dann englisch und machte uns unmissverständlich klar, dass wir Ipo in eine der Hundeboxen verstauen sollten. Ich war geschockt, als er die Tür zu dem Raum öffnete, in dem die Hundezwinger untergebracht waren. „Nein, niemals. Hier bringe ich Ipo auf keinen Fall unter", rief ich entsetzt und drehte mit Ipo an der Leine sofort wieder um. Robert blieb zurück und versuchte den Offizier gnädig zu stimmen. Von wegen Hundedeck, dachte ich. Überall Verbotsschilder. Für Hunde war auf diesem Schiff kein Platz. „Die können doch unmöglich erwarten, dass wir unsere Hunde achtundvierzig Stunden in eine enge Hundebox wegsperren", rief ich empört, als Robert zurück war. „Hast du die verstörten Hunde gesehen und das Gekläffe gehört? Wenn ein Hund nicht vorher schon verrückt war, ist er es nach dieser Schiffsfahrt mit Sicherheit. Das ist ein Fall für den Tierschutz."

„Sei still", zischte Robert. „Ich habe den Offizier davon überzeugt, dass wir mit Ipo an Deck bleiben und ihm zum Beweis die Schlafsäcke gezeigt. Er war einverstanden. Alles Weitere werden wir sehen."

Wir suchten uns ein ruhiges Fleckchen, auf dem wir unsere Campingmatten ausbreiten konnten und legten Ipo ab. Unsere Unruhe hatte sich bereits auf ihn übertragen und seine anfängliche Gelassenheit wich einer unsicheren Hab-Acht-Stellung. Die Gesellschaft einer läufigen Hundedame machte die Sache nicht leichter. Wir waren zum Stillhalten verdonnert. Die Zeit schien stillzustehen. Wir schmiedeten den Plan, Ipo in einem günstigen Moment in unsere Kabine zu schmuggeln. Mit detektivischem Gespür beobachteten wir den Ablauf an Bord und machten den besten Zeitpunkt dafür aus. Robert schritt voran. Ich schlich mit Ipo hinterher. Die Rezeption an der wir vorbei mussten, hatte gerade geschlossen. Robert winkte und kurz bevor ein Mann des Kabinenpersonals um die Ecke bog, erreichten wir unsere Kabine. Ich ließ mich erschöpft auf das Bett fallen. „Geschafft. Ich hätte nicht gedacht, dass man einen mehr als fünfunddreißig Kilo schweren Hund ungesehen in die Kabine schmuggeln kann. Ich weiß zwar nicht, wie wir ihn morgen wieder ungesehen hier herausbringen. Aber uns wird schon was einfallen."

„Jetzt mach dir mal keinen Kopf", erwiderte Robert. „Wir ruhen uns erst einmal aus. Morgen gehen wir mit Ipo wieder an Deck, bevor alle zum Frühstück aufbrechen. Wenn wir bei Sonnenaufgang wieder unsere Isomatten an Deck ausrollen, denkt jeder, wir hätten die ganze Nacht dort verbracht."

Ich legte Ipo zu meinen Füßen aufs Bett. Sollte jemand an der Tür klopfen, würde Ipo sofort bellen und als blinder Passagier enttarnt. Beengt mit angezogenen Beinen schlief ich schnell ein. Robert weckte mich am nächsten Morgen. „Wir müssen los. In zwei Stunden legen wir in Teneriffa an." Ich kramte meine sieben Sachen zusammen. Ipo trippelte unruhig auf den Pfoten umher. Es war unverkennbar, dass er sich dringend lösen musste. Wir huschten gerade an der Rezeption vorbei, als ein Offizier rief. „Perro, no!" Ich lief mit Ipo weiter, als hätte ich ihn nicht gehört. Robert beruhigte und erklärte, dass wir uns verlaufen hatten. Das war gerade noch mal gut gegangen. Wir waren heilfroh, als wir auf Teneriffa anlegten und für ein paar Stunden von Bord gehen konnten. Die vier Stunden bis Gran Canaria waren der reinste Spaziergang. Endlich hatten wir unser Ziel erreicht. Mit einem Mal fiel die ganze Anspannung von uns ab. Erleichtert fetzte Ipo sein Handtuch durch die Luft.

Als wir unser Wohnmobil vor dem Haus parkten, dämmerte es. „Wir müssen unser Gepäck noch vor Einbruch der Dunkelheit ins Haus schaffen. Trotz Wachdienst werden nachts Autos aufgebrochen und ein Wohnmobil riecht förmlich nach fetter Beute." Ich wollte Ipo im Haus ablegen und beim Ausräumen helfen. Aber er blieb wie angewurzelt in der Tür stehen. Ich hatte keine Zeit und keinen Nerv, mich um ihn zu kümmern, also band ich die Leine kurzerhand an einem Zaunpfosten, von wo aus Ipo uns beobachten konnte. Er war so von der Rolle, dass er keine Sekunde allein bleiben wollte. Erst als wir mit ihm ins Haus kamen, trippelte er hinter uns her. Wir ließen alles liegen und stehen und gingen sofort zu Bett.

Als am nächsten Morgen die Sonnenstrahlen den Raum erhellten, öffnete ich die Augen. Ipo stand neben meinem Bett und Robert nahm mich in seine Arme. „Willkommen im Paradies", flüsterte er in mein Ohr. Ich wollte mich gerade enger an Robert kuscheln, als Ipo zum Aufstehen mahnte. „Ich glaube, lange kann er es nicht mehr halten", sagte Robert auf einmal ganz unromantisch und schlüpft in Jeans und T-Shirt. Ich öffnete die Balkontür und spürte den milden Wind und die warmen Sonnenstrahlen auf meinem Gesicht. Auch wenn die Anreise jede

Menge Überraschungen für uns bereit hielt, hat es sich gelohnt, dachte ich und ging in die Küche.

Nach dem Frühstück spazierten wir mit Ipo die Uferpromenade entlang und machten Bekanntschaft mit der ortsansässigen Hundepopulation. Sie war überschaubar und bestand aus dem Hundepärchen eines Fischers, einem kleinen Mischling eines Surflehrers und einem Rottweiler vom Wachdienst sowie einem etwas älteren Golden Retriever, dessen Familie aus Deutschland ausgewandert war und dauerhaft auf der Insel lebte. Zeitweise gesellte sich ein Dobermann dazu. Er gehörte Canarios, die in der Hauptstadt La Palmas lebten und die Wochenenden in ihrer Ferienwohnung verbrachten. Und last but not least wohnte nebenan eine junge Dalmatinerhündin, die mit einem ähnlichen Temperament wie Ipo gesegnet war. Allesamt konzentrierten wir uns wegen mangelnder Alternativen auf die Spazierwege in der Appartementanlage. An unberührten Strandabschnitten legten die Behörden Giftköder aus, um das Problem streunender Hunde in den Griff zu bekommen. Läufige Hündinnen warben dort gerne zeugungsfähige Rüden und so mancher nutzte die Plätze als Müllabladeplatz. Zerbrochene Glasflaschen, leere Dosen und allerlei Haushaltsmüll zeugten davon, wie sorglos manche Menschen mit der Natur umgingen. Wie befürchtet, waren die Wege im Hinterland voller spitzer Steine und Schieferplatten und auch für Hunde nur mit Schuhen begehbar. Die Küste war mit runden, schwarzen Lavasteinen gesät, einzig direkt vor unserem Haus befand sich ein kleiner, schwarzer Sandstrand, den wir morgens, bevor die Badegäste kamen, als

Hundespielplatz nutzen konnten. Der erste Wintersturm trug nach wenigen Tagen auch diesen Sand aufs offene Meer und ließ die kreisrunden Steine zurück. Wir hatten Mühe, darauf zu laufen, denn sie rollten unter unseren Füßen weg. Ipo drosselte sein Tempo keineswegs und begab sich in halsbrecherische Aktionen, um ans Meer zu kommen. „Tierschänder", riefen Passanten von der Uferpromenade herab, die Ipos Waschgänge in der Brandung beobachteten. Für Außenstehende sah es so aus, als wäre Ipo kurz vor dem Ertrinken. Für Insider war klar, dass Ipo das Spiel mit den Wellen genoss, auch wenn er so manchen Tauchgang dabei riskierte.

Statt endloser Strandspaziergänge blieb uns der Slalomlauf zwischen den Menschen an der Uferpromenade. Nur früh morgens und spät abends war es dort ruhig.

„Vermutlich findet man in Großstädten und selbst in Megacitys mehr Auslaufflächen für Hunde als hier", sagte ich verzweifelt, als ich endgültig die Hoffnung aufgegeben hatte, einen einigermaßen hundetauglichen Spazierweg zu finden.

Robert lachte. „Ich gehe mit Ipo morgens sowieso zum Bäcker, wenn alles noch schläft. Wir tingeln ganz allein die Uferpromenade entlang. Mittags geben wir Vollgas und walken sportlich die Strecke und nehmen die Menschen als Slalomstangen. Spät abends haben wir den Weg auch wieder ganz für uns allein. Auch wenn wir keinen Hundehighway gefunden haben, kommt Ipo voll und ganz auf seine Kosten."

Ipo passte sich erstaunlich schnell an die veränderten Gassigewohneiten an. Er legte sich gerne in den kleinen Garten und hielt die Nase in den Wind. Oder er lag auf dem Balkon im ersten Stock, von wo aus er das Geschehen an der Promenade beobachtete. Wie zu Hause, entwickelten wir auch hier einen Tagesrhythmus, in den Ipo voll integriert war und mit Ausnahme der Stunden, die wir beim Windsurfen verbrachten, war er ständig gefordert. Er hatte alle Pfoten voll zu tun.

Voller Stolz trug er morgens die Brottüte vom Bäcker nach Hause. Während wir ein ausgiebiges Frühstück genossen, legte sich Ipo auf seine Aussichtplattform im ersten Stock. „Na, Ipo. Was läuft heute im Fernsehen?", scherzten die Überwinterer, als sie unten vorbeiliefen. Anschließend beobachteten wir von der Dachterrasse, wie sich der Tradewind vom Meer her aufbaute. Gegen Mittag fiel er in die Bucht. Zeit für uns, unsere Neoprenanzüge zu packen und zur Surfschule zu laufen. Sie lag am anderen Ende der Bucht und war bequem zu Fuß erreichbar. Ipo legte sich dann demonstrativ auf die Türschwelle und signalisierte, dass er nicht im Traum daran dachte, alleine zu bleiben. Dabei schlief er bereits kurz nach unserem Weggang tief und fest. Zurück vom Surfen hing ich die nassen Klamotten auf die Leine. Dann ging es zur Lagebesprechung beim Italiener – Treffpunkt der Windsurfer und Überwinterer. Bei Pizzabrot mit Knoblauchpaste philosophierten wir über Gott und die Welt.

Ipo lag zufrieden unter dem Tisch und jeder Stammtisch-besucher musste ihn mindestens einmal streicheln. Zurück am Haus ging es für uns unter die Dusche. Ipo legte sich gerne unter den Gartenschlauch. Meerluft macht hungrig: Abends gab es stets einen großen Teller Pasta und eine Extraportion Nudeln für Ipo. Das mitge-brachte Hundefutter wurde knapp. Ipo war begeistert, wenn wir seine Mahlzeit mit Vollkornnudeln oder Brot streckten. Unser Tagesablauf war unspektakulär. Trotz fester Rituale waren wir frei nur das zu tun, worauf wir Lust hatten. Feste Bürozeiten und Alltagshektik, all das war weit weg. Deutschland versank im Schnee. Zu Hause erlebten sie den schneereichsten Winter seit vielen Jahren und wir saßen hier bei angenehmen Temperaturen in der Sonne. Die Zeit verstrich schnell, zu schnell. Wir wären gerne noch geblieben, aber unser Abreisetag Mitte März stand fest. Als Ipo uns dabei beobachtete, wie wir unseren Hausstand wieder ins Wohnmobil verfrachteten, verzog er sich in die hinterste Ecke. Er glaubte, mit seinem Schmollen könnte er unsere Abreise hinauszögern. Als Paul auftauchte, um die Wohnungsschlüssel wieder zu übernehmen, zeigte Ipo keine Regung. „Was ist denn mit Ipo los? Wo bleibt die freudige Begrüßung? So kenne ich ihn ja gar nicht.", sagte er verdutzt.

„Ipo möchte hier bleiben. Ganz einfach.", antwortete ich, während ich Ipo über den Kopf strich.

Die letzte Nacht verbrachten wir in unserem Wohnmo-bil vor der Haustür. Nach einem letzten Frühstück im Haus wurde es ernst. Ipo verweigerte sein Futter. Er ver-suchte mit allen Mitteln, uns doch noch umzustimmen.

Als wir uns am Wohnmobil von Paul verabschiedeten, setzte sich Ipo neben Paul und schien wie angewurzelt. Er bewegte sich keinen Millimeter und ignorierte Roberts Aufforderung einzusteigen. „Ipo bleibt hier", lachte Paul. „Er will nicht nach Hause."

„Wir auch nicht", antwortete Robert und hob Ipo in den Fahrgastraum.

Wir hatten überlegt, ob ich mit Ipo zurückfliege und Robert alleine mit der Fähre zurückfährt, aber die Idee dann doch wieder fallengelassen. „Jetzt müssen wir wohl oder übel wieder zurück", sagte ich, während ich Ipo am Kopf kraulte.

Die Hinfahrt war ein Spaziergang verglichen mit der Odysee, die wir auf der Rückfahrt erlebten. Der erste Stopp war Fuerteventura und wir dachten, Ipo könnte sich an Land die Pfoten ein wenig vertreten. Wir ahnten nicht, dass ein Rudel von mindestens zwanzig Hunden das Hafengelände fest im Griff hatte. Als wir mit Ipo das Schiff verließen, marschierten die Hunde geschlossen auf uns zu. So ähnlich stellte ich mir einen Kampfangriff vor. Robert nahm einen Stein auf. Er hob in lediglich in die Luft. Die Hunde liefen auf und davon. Wir drehten sofort wieder um und packten Ipo ins Wohnmobil.

„Sollen wir Ipo hier im Wohnmobil lassen?", fragte ich Robert.

„Ich habe mir das auch schon überlegt. Er hätte mehr Ruhe. Aber das Autodeck ist während der Überfahrt versperrt."

Wir fühlten uns unwohl bei dem Gedanken, nicht nach Ipo sehen zu können, aber entschieden trotzdem, ihm die

Reisestrapazen zu ersparen. Wir stellten frisches Wasser
für Ipo bereit und machten uns auf dem Weg nach oben.
Ohne ein Wort zu wechseln, blieben wir stehen, drehten
um und liefen zum Wohnmobil zurück. Ipo saß mit fins-
terer Mine im Fahrerhaus.

„Wenn wir ihn hier alleine zurückgelassen hätten, das
hätte er uns nie verziehen."

„Ja, und mit Recht. Ich bin froh, dass wir ihn doch noch
geholt haben."

Unser Plan war wie gehabt. Mit Ipo an Deck bleiben
und ihn im richtigen Moment in die Kabine schmuggeln.
Seit langer Zeit zeigte sich der Himmel bedeckt. Der Wetterbericht hatte die Ankunft eines Schlechtwettergebietes
angekündigt. Gleich nachdem wir den schützenden
Hafen Fuerteventuras verlassen hatten, traf uns das Tiefdruckgebiet mit voller Wucht. Die Wellen schlugen über
die Reeling. Wie eine Streichholzschachtel schoben sie
das Schiff hin und her. Das Meerwasser am Boden
schwappte nach links und nach rechts. Wir hatten Mühe,
ein trockenes Fleckchen zu finden, auf dem wir unsere
Campingmatte ausbreiten konnten. Als wir endlich eine
trockene Ecke gefunden hatte, öffnete der Himmel seine
Schleusen. Es regnete in Strömen.

„Wir sind gerade mal fünf Stunden unterwegs und vollkommen durchnässt." Ich war verzweifelt und weinte
jämmerlich.

„Jetzt hilft alles nichts. Wir müssen in die Kabine und unsere Klamotten trocknen", befahl Robert sichtlich erregt.

Wir riskierten Kopf und Kragen und schmuggelten Ipo am helllichten Tag in die Kabine. Dort blieb er während der gesamten Überfahrt. Nur einmal gingen wir nachts mit ihm an Deck. Mit einer Hand an der Reeling, in der anderen die Leine hatten wir Mühe, uns auf den Beinen zu halten. Während Ipo seelenruhig die Reeling inspizierte, kämpften wir damit, nicht seekrank zu werden. Ipo trank nicht und er fraß nicht. Er verschmähte sogar seinen Lieblingskeks. Er wusste ganz genau, dass wir uns so lange in unserer Kabine verschanzen mussten, bis wir das Festland erreichten. Er hatte ein untrügliches Gespür für kritische Situationen und wir waren stolz, mit welcher Gelassenheit er diese Aufgabe meisterte. Wir waren heilfroh, als wir wieder festen Boden unter den Füßen hatten. Nach drei Tagen am Campingplatz in Tarifa traten wir die Heimreise an und erreichten wenige Tage später wieder unsere Heimat.

„Dieser Winter bleibt unvergessen", sagte ich zu Robert, bevor ich einschlief.

„Ja, außer wir gehen nächstes Jahr gleich wieder im Winter auf die Kanaren", erwiderte er und streichelte erst mir und dann Ipo zärtlich über den Kopf.

Durch dick und dünn

Die Jahre vergingen wie im Flug. Im Handumdrehen wurde aus dem kleinen Welpen ein erwachsener Rüde von vier Jahren. Während unseres Reiseabenteuers Gran Canaria sind wir noch mehr zusammengewachsen. Jetzt waren wir ein richtig gutes Dreierteam. Ipo hatte sich zu einer gefestigten Hundepersönlichkeit entwickelt. Er hatte seinen festen Platz im Rudel und er war aus unserem Leben nicht mehr wegzudenken.

Ipo war mein vierbeiniger Arbeitskollege, der selbst dann treu unter meinen Schreibtisch verweilte, wenn ich bis spät in die Nacht über meinen Konzepten saß, weil wieder mal die Abgabetermine drängten. Er war mein persönlicher Fitnesstrainer, der mich bei Wind und Wetter dreimal am Tag vor die Tür schickte. Er war mein Glückscoach, denn seine unbändige Lebensfreude sprang immer auf mich über. Ärger, Wut und Sorgen verschwanden, wenn ich Ipo dabei beobachtete, wie er über die Wiesen fegte und mich zum Spiel aufforderte. Er war mein Einkaufsbegleiter, der die Papiertüten durch die Straßen apportierte und voller Stolz die anerkennenden Worte der Passanten erntete. „Das machst du aber gut." „Du bist aber ein ganz braver." „Toll, du bist aber fleißig." Wie ein König marschierte er durch die Gassen und ließ sich von jedem gerne über den Kopf streichen. Zu Hause trug er Tüte für Tüte ins Haus. Selbst dann, wenn die Zeit knapp war, bestand er auf seine Apportierarbeit. Meine Kunden waren ausnahmslos Ipo Freunde und deshalb war er bei allen Gesprächsterminen mit von der Partie. Er döste so manches Meeting unter dem Besprechungstisch und seine Anwesenheit sorgte stets für eine lockere, kreative Atmosphäre. Ipo war mein Kontaktmann nach außen. Auf unseren Spaziergängen trafen wir jede Menge Hundefreunde. Mit vielen verbindet uns bis heute eine tiefe, herzliche Freundschaft. Ich war Ipos Bezugsperson im Alltag und er mein Freudebringer für viele Momente. Ipo war ständig um mich herum. Er war mein Schatten und doch war er eine eigene Persönlichkeit mit eigenem Kopf und eigenem Charakter. Müsste ich Ipo mit wenigen Wörtern beschreiben, würde ich sagen: eine Seele von einem Hund – voller Freude, Lust und Liebe, der sich seine Unbekümmertheit stets behält.

Ipo stumpfte im Alltag nicht ab. Er freute sich jedes Jahr wieder, wenn die ersten Schneeflocken am Himmel tanzten und die Landschaft unter eine Schneehaube tauchten. Er wälzte sich voll Freude in der weißen Pracht und bellte, um mich zur Schneeballschlacht zu animieren. Wenn ich ihn ausnahmsweise mal alleine zu Hause gelassen hatte, begrüßte er mich überschwänglich, als hätte er mich Tage nicht mehr gesehen. Ipo war für mich der beste Lehrmeister. Er brachte mir bei, wie ich jeden Tag, jeden Moment genieße und dass nicht die großen Dinge Freude bringen, sondern die kleinen zählen.

Robert war in erster Linie Ipos Abenteuerkamerad. Während der Abendspaziergänge, an den Wochenenden und auf unseren Urlaubsreisen quer durch Europa orientierte sich Ipo fast ausschließlich an ihm. Dann gingen die beiden auf Männertour und verausgabten sich sportlich. Dank Robert war Ipo ein austrainierter, vor Kraft strotzender Golden geworden. Mit jedem Urlaubstag, den wir am Strand oder im Schnee verbrachten, nahm er an Muskelmasse zu. Ipo definierte sich über Ausdauer, Kraft und körperliche Fitness. Die beiden erinnerten mich oft an ein Team aus Sportler und Trainer, das gemeinsam jedes Ziel erreicht, das es sich setzt. Ihre gemeinsamen Ausflüge schweißten sie zusammen. Um Ipo selbst in kritischen Situationen zu leiten, brauchte Robert keinen einzigen Tag mit Ipo in der Hundeschule. Ipo sah stets zu Robert auf. Robert konnte Ipo sogar aus dem vollen Lauf zum Stehen bringen, was mir trotz vieler Stunden Hundeschule nicht immer gelang.

Die ersten fünfzehn Monate förderte Robert Ipos Muskelaufbau durch gezieltes Ausdauertraining. Schritt für Schritt legten sie größere Distanzen zurück und erklommen steilere Wege. Später wanderten sie selbst bei Dauerregen oder -schneefall stundenlang in den Bergen. Ihre Strandspaziergänge waren legendär. Ipo schleppte ständig irgendwelches Strandgut an und brachte es Robert stolz. Unermüdlich hechtete er Tennisbällen hinterher. Er genoss das Spiel in den Wellen. Er setzte sich zu Robert an den Strand, wo er für einige Minuten still blieb und die Streicheleinheiten genoss. Wenn ich die beiden von weitem beobachtete, hatte ich den Eindruck, dass sie im Flow waren. Robert brauchte keine Worte. Er kommunizierte nur über Mimik und Gestik mit Ipo. Robert besaß die besondere Gabe, Ipos überschäumendes Temperament in die richtigen Bahnen zu lenken. Er forderte ihn, ohne ihn dabei zu überfordern. Er kannte Ipo so gut, dass er wusste, wann genug ist und Ipo Ruhe brauchte. Dank Robert entwickelte Ipo ein starkes Selbstwertgefühl, das so leicht durch nichts zu erschüttern war. Robert und Ipo – das war ein Dreamteam, in dem sich jeder blind auf den anderen verlassen konnte.

Unser Leben verlief in geordneten Bahnen. Wir absolvierten den Alltag. Wir genossen die Wochenendausflüge an die Seen und in die Berge. Wir legten unsere Urlaube außerhalb der Hauptreisezeiten und bereisten mit Ipo viele Windsurfstrände in Nord- und Südeuropa. Die Insel Sardinien wurde unsere zweite Heimat. Im Frühjahr und Spätherbst kümmerte sich so gut wie niemand um das Strandverbot für Hunde und Golden Retriever waren dort ähnlich beliebt wie Kleinkinder und genossen eine ähnliche Narrenfreiheit. Im Winter gingen wir Skilaufen oder unternahmen Wanderungen in den Bergen. Stadtausflüge, Restaurantbesuche, Familientreffen, Silvesterfeten, Weihnachtsfeste, Kindergeburtstage – Ipo war immer mit von der Partie. Wir hatten unseren Rhythmus mit Ipo gefunden und wir liebten das Leben mit ihm. Wir verloren zwar persönliche Freiheit und mussten mehr planen. Aber Ipo beschenkte uns mit seiner Liebe und seiner Treue – für uns das größte und schönste Geschenk. Die Jahre flogen nur so dahin. Ipo wurde fünf, sechs, sieben, acht und neun Jahre alt. Alles schien ewig so weiterzugehen, bis wir eines Tages feststellen mussten, dass auch vor Ipo das Alter nicht haltmacht.

Verletzungspech

Lange Zeit war Ipo eine echte Sportskanone und dafür verantwortlich gewesen, dass ich so machen Gipfel erreichte, statt in der Mitte des Weges aufzugeben und ins Tal zurückzukehren. Er erklomm die Berge leichtfüßig. Die steilsten Passagen kletterte er hoch wie eine Gemse. Er lief gerne voran. Allerdings legte Robert größten Wert darauf, dass Ipo immer in Sichtweite blieb. Hinter jeder Kurve drehte er deshalb brav um und lief wieder zu uns zurück. Hätten wir bei ihm einen Schrittzähler montiert, hätte er am Ende vermutlich mindestens die doppelte Wegstrecke zurückgelegt wie wir. Manchmal blieb er an einer Kuppe stehen und beobachtete mich, wie ich mich gut besohlt und mit Hilfe von Bergstöcken den Berg hoch quälte. Er schien sich zu amüsieren, wenn ich mit hochrotem Kopf und außer Atem auftauchte. Ich deutete seinen Gesichtausdruck jedenfalls so, als wolle er mir sagen: „Wo bleibst du denn nur? Geht das nicht schneller? Das ist doch überhaupt nicht so anstrengend." In seinen Augen kroch ich den Berg hinauf wie eine Schnecke.

Ipo hatte eine Bombenkondition und wenn er sich auf meinen Konditionsstand einpendelte, kam er sich vermutlich vor wie ein Marathonläufer der Königsklasse, der bei einem Hobbylauf antritt. Er suchte ständig nach Zusatzaufgaben. Mit Vorliebe apportierte er große Holzstöcke, die er aus dem Unterholz zog. Wenn man ihm einen kleinen Ast anbot, zerrte er mit Sicherheit kurz darauf ein zehnmal so großes Holzstück aus dem Gebüsch. Stolz legte er seine Beute neben dem Gipfelkreuz ab. An unserem Hausberg hätten wir am Ende der Saison ein Lagerfeuer damit entzünden können.

Im Winter bei Eis und Schnee kam ich noch langsamer voran. Ich tat einen Schritt nach vorne und rutschte zwei Schritte zurück. Selbst mit Steighilfen an den Schuhen konnte ich mich nicht mit Ipo messen. Nicht einmal hoher Schnee, indem er zeitweise komplett verschwand, bremste ihn. Ipo fräste durch die Schneelandschaft wie eine Schneefräse der Extraklasse. Doch selbst ein Exemplar höchster Güte darf nicht ständig auf Hochtouren laufen, wenn es lange Zeit funktionstüchtig sein soll. Ipo kannte nur zwei Gänge. Ruhe oder Vollgas. Zur Ruhe musste man ihn förmlich zwingen. Er legte sich erst dann auf die faule Haut, wenn er vor Müdigkeit nicht mehr stehen konnte oder wenn man ihm nachdrücklich befahl, endlich stillzuhalten. Ipos Geschwindigkeitsskala war nach oben hin offen und in seinen Augen stets steigerbar.

So mancher Wanderer blieb erschrocken am Wegrand stehen, wenn er Ipo dabei beobachtete, wie er im freien Fall den Berg hinabraste. „Ist der verrückt, der bricht sich doch Hals und Knochen? Der kommt doch nie und nimmer zum Stehen."

Wir nickten dann gerne und versicherten. „Bisher kam er immer heil unten an und wenn seine Bremsen versagen, wirft er sich in den weichen Pulverschnee am Wegesrand."

Ich hatte mich an Ipos Gangart gewohnt. Allerdings hatte ich Angst, dass sein Drang zu körperlichen Höchstleistungen seiner Gesundheit massiv schaden könnte. „Selbst ein Spitzensportler braucht Pausen", sagte ich zu Robert, als es Ipo wieder mal auf die Spitze trieb und wie ein wild gewordener Stier durch die Winterlandschaft tobte.

„Ipo ist muskulös und vollkommen austrainiert. Die Verletzungsgefahr ist gering. Er ist beileibe kein Couch-Potato, der einmal im Monat Hundesport oder Agility macht. Ipo ist ständig im Training und er hat eine sehr gute Grundkondition."

Leider ist auch ein bestens trainierter Sportler, sei es Mensch oder Hund, nicht vor Verletzungen gefeit. Es war März. Um diese Zeit bildet sich häufig eine dünne Harschdecke auf der Schneeoberfläche, die durch kurzfristige Sonneneinstrahlung antaut und anschließend wieder gefriert. Wenn man nicht gerade ein Fliegengewicht ist, bricht man beim Betreten der Harschdecke ein. Es war früh am Morgen. Die Sonne war noch zu schwach, um die Harschdecke anzutauen. Ipo sah eine unberührte Schneelandschaft, durch die er von Frühlingsgefühlen übermannt und voller Freude hindurchfräste. Bei jedem Schritt brach er erst mit den Vorder- und dann mit den Hinterpfoten im Bruchharsch ein. Er hoppelte wie ein Hase über das Feld und ignorierte alle meine Rückrufversuche. Als ich ihn endlich erreichte, leinte ich ihn an und prüfte seine Pfoten. Obwohl er ständig an der scharfkantigen Eisschicht einbrach, blieben seine Pfoten unverletzt. Ich war erleichtert und kehrte mit ihm nach Hause zurück. Er verdrückte eine Riesenportion Futter und legte sich auf die faule Haut. Als er nach seinem Nickerchen wieder aufstehen wollte, kam er kaum hoch. Wenn er lief, zog er seine rechte Hinterhand hinterher.

„Siehst du das?", fragte ich Robert.

„Ja, Ipo humpelt. Vielleicht hat er sich einen Muskel gezerrt. Wir geben ihm ein homöopathisches Mittel. Dann verschwindet die Zerrung schnell."

Von Beginn an hatten wir bei Ipo auf naturheilkundliche Behandlungsmethoden gesetzt. Ich wälzte das homöopathische Nachschlagewerk und studierte die Symptombeschreibungen bei Verletzungen des Bewegungsapparates. Ich verpasste ihm das geeignete Globuli und war beruhigt, denn bisher hatten sich Heilerfolge immer schnell eingestellt. Leider blieb meine Selbstmedikation dieses Mal ohne Erfolg. Ipo hatte sichtlich Schmerzen. Er fraß mäßig und war lustlos.

„Dieses Verhalten kenne ich von Ipo nur, wenn er unter extremen Schmerzen leidet", sagte ich.

„Wir gehen mit Ipo zum Tierarzt." entschied Robert. „Mir gefällt das überhaupt nicht. Je früher wir die Verletzung behandeln umso besser."

„Na, Ipo. Bist wohl wieder mal zu schnell unterwegs gewesen", lauteten seine Worte, als er Ipo durch die Tierarztpraxis humpeln sah. „Das bekommen wir schon wieder in den Griff."

Er untersuchte ihn eingehend. Seine Diagnose war niederschmetternd. „Entweder hat sich Ipo an der Wirbelsäule verletzt oder er hat die unter Golden Retrievern häufig auftretende Hüftgelenksdysplasie. Um Genaues herauszufinden, muss ich ihn röntgen."

Wir entschieden, noch ein paar Tage damit zu warten, denn eine Röntgenuntersuchung wird bei Hunden unter Narkose durchgeführt.

„Vielleicht stellt sich das Lahmen doch noch als harmlose Zerrung heraus." Ich hatte die Hoffnung noch nicht aufgegeben, dass Ipo ohne Operation bald wieder auf vier gesunden Beinen durch die Welt ging.

„Ich spritze Ipo noch ein homöopathisches Kombipräparat. Es lindert die Schmerzen und heilt Entzündungen ab. Vielleicht haben wir Glück und es geht im bald besser", entschied der Tierarzt.

Ich war dankbar, dass der Tierarzt im Gegensatz zu mir Ruhe bewahrte und nicht übereilt handelte. Am nächsten Tag ging es Ipo bereits wesentlich besser. Wir wollten das Wochenende in einem Ferienhaus in den Bergen verbringen. Dank Ipos verbessertem Gesundheitszustand hielten wir an den Plänen fest. Am Samstagmorgen stand Ipo wieder auf allen vier Beinen und lief völlig normal.

„Sieht aus, als wäre er wieder ganz der Alte", sagte Robert, als er mit ihm vom Morgenspaziergang zurückkehrte.

Ich wusste, dass Robert Ipo bei gesundheitlichen Problemen mit Argusaugen beobachtete. Ipo gehörte zu der Sorte Hund, die so lange die Zähne zusammenbeißen, bis überhaupt nichts mehr geht. Ich versicherte mich nochmals, dass Robert unseren Vierbeiner tatsächlich eingehend beobachtet und die richtigen Schlüsse gezogen hatte. „Glaubst du nicht, dass Ipo uns was vormacht? Vielleicht steht es doch schlechter um ihn, als er zugibt."

„Nein, das glaube ich nicht. Es war vermutlich wirklich nur eine Zerrung. Allerdings würde ich keine große Bergtour unternehmen, sondern nur den kurzen Weg bis zur Kneippanlage nehmen."

Ipo war während des Wanderausflugs kaum zu bremsen. Robert ließ ihn nur eine Minute aus den Augen, schon hatte Ipo eine Wassergumpe entdeckt. Er legte sich hinein und genoss es sichtlich, wie das kühle Schmelzwasser seinen, unter dem warmen Winterpelz erhitzten, Körper abkühlte.

„Ipo handelt ganz nach Pfarrer Kneipps Empfehlungen. Er setzt Temperaturreize durch Wasseranwendungen zur Heilung", scherzte ich.

„Eine gute Idee und noch dazu so günstig. Ganz ohne teure Medikamente und teuren medizinischen Schnickschnack", blödelte Robert weiter und beendete Ipos Kuranwendung. „Gleich, was letztendlich für Ipos lahmende Hinterhand verantwortlich war. Ich gehe kein Risiko ein."

Ende März war die Luft noch empfindlich kalt. Das Wasser war eisig und hätte Ipos Verletzung wieder aufbrechen lassen können.

Wir brachen unseren Spaziergang ab und kehrten auf direktem Weg nach Hause zurück. „Rein in die gute, warme Stube." Ich stutzte, als sich Ipo sofort auf seine Hundedecke zurückzog.

„Komisch, sonst folgt er mir immer in die Küche in der Hoffnung, dass dort für ihn etwas abfällt."

„Vielleicht hat er keinen Hunger", erwiderte Robert.

„Ipo hat nie Hunger, aber immer Appetit."

Wir tranken Tee und legten ebenfalls unsere Beine hoch. Ipo rührte sich nicht von der Stelle. Die Ferienwohnung lag im vierten Stock. Nach einigen Stunden wollte Robert mit Ipo nach Draußen, damit er sich lösen kann. „Komm, Ipo. Wir gehen Gassi." Ipo hob kurz den Kopf und senkte ihn gleich wieder.

„Der kurze Spaziergang und du bist so müde", sagte ich und streichelte ihm über den Kopf.

Ipo war weder müde, noch ausgepowert. Er fühlte sich hundeelend. Er hatte uns an der Nase herumgeführt und uns glauben lassen, er sei wieder vollkommen gesund. Als er nach weiteren Aufforderungen endlich aufstand, zeigte sich das ganze Ausmaß seiner Krankheit. Er lahmte mehr denn je. Ipo konnte ohne unsere Hilfe kaum aufstehen und sich nur unter enormen Anstrengungen bewegen.

Ich machte mir schwere Vorwürfe. „Wir hätten ihn zu Hause lassen sollen."

„Zu spät", antwortete Robert. „Für jede Krankheit gibt's ein geeignetes Mittelchen." Robert versuchte, Optimismus zu verbreiten, sein Gesichtsausdruck sprach allerdings Bände. Er ärgerte sich über sich selbst. „Wie konnte ich nur auf Ipo hereinfallen? Ich hätte doch merken müssen, wie es tatsächlich um ihn steht."

Ipo war ein Phänomen. Er konnte eine Krankheit lange kaschieren. Nur ein wahrer Kenner konnte seine Kompensationsspiele enttarnen – und wir hatten gedacht, wir wären welche. Derweil mussten wir erkennen, dass wir wie Anfänger gehandelt hatten und vollkommen inkompetent waren.

Ich telefonierte sofort mit unserem Tierarzt. „Stellt Ipo erst mal ruhig. Und kommt Montag gleich zu mir in die Praxis. Ihr könntet auch gerne am Sonntag anrufen und vorbeikommen, aber ich glaube die Rückreise ist Ipo in seinem jetzigen Zustand zu anstrengend."

Ich war traurig. Ipo definierte sich über seine enorm gute körperliche Verfassung. Sein starkes Selbstbewusstsein zog er auch aus seiner körperlichen Überlegenheit. Anzuerkennen, dass er kürzertreten musste, war nicht nur für ihn, sondern auch für uns eine große Aufgabe.

Unser Tierarzt war ein Genie und röntge Ipos Rücken mit Roberts Hilfe ohne Narkose. „Hüftdysplasie können wir ausschließen", sagte er sichtlich erleichtert, als er die Röntgenbilder betrachtete. „Deinen Rücken möchte ich haben", sprach er weiter und wandte sich dabei an Ipo. Der Tierarzt war jung, schlank und sportlich. Wenn er seinen Rücken gerne gegen Ipos eintauschen würde, konnte das nur Gutes heißen. „Ipo ist jetzt neun Jahre alt. Er hat keine Arthrose, gar nichts", fuhr er fort. „Das sieht eher nach einem Ischiasvorfall oder Hexenschuss aus." Ich war erleichtert, denn ich hatte bereits im Internet gegoogelt und von der künstlichen Hüfte bis zur Dauerschmerztherapie alles nachgelesen. Mich schauderte bei dem Gedanken daran, dass sich Ipo einer derart großen Operation unterziehen musste. Die Rekonvaleszenz-Phase war nach solchen Eingriffen äußerst lang.

Neben unserem Tierarzt kümmerte sich ein hervorragender Tierheilpraktiker um Ipos gesundheitliches Wohlergehen. Er arbeitete mit Akupunktur. Wir wollten uns auch von ihm über die Behandlungsmöglichkeiten beraten lassen. Ipos Tierarzt war skeptisch. „Ich weiß nicht, ob ihr damit Erfolg habt. Aber einen Versuch ist es wert." Er übergab uns die Röntgenbilder und wollte sich mit dem Tierheilpraktiker besprechen, wenn dieser Ipo ebenfalls genauer unter die Lupe genommen hatte. Die beiden bildeten ein Spitzenteam und jeder trug auf seine Weise dazu bei, dass Ipo wieder ganz der Alte wurde. Nach zehn Sitzungen mit unzähligen Nadelstichen ging es bergauf. Ipo lahmte fast überhaupt nicht mehr. Allerdings musste er sich, wie ein Spitzensportler nach Unfall oder Krankheit, langsam wieder zu seinem ursprünglichen Leistungsniveau zurückkämpfen. Statt Kurzsprints stand Ausdauertraining auf dem Programm. Schwimmsessions verlegten wir auf die warme Jahreszeit. Die Jagd nach Bällen und Frisbees ersetzten wir durch das Apportieren von versteckten Dummys. Ipo war ein Kämpfer. Schritt für Schritt tastete er sich immer weiter an seine ursprüngliche körperliche Verfassung heran. Im darauffolgenden Winter konnte er uns wieder auf Bergtouren begleiten und Spaziergänge im Tiefschnee unternehmen. Allerdings mussten wir darauf achten, dass er unkontrolliertes Umhertoben unterließ und zur kalten Jahreszeit die Bäche mied.

Ipo war vielseitig veranlagt und für alles zu haben, was Spaß versprach und so entwickelten wir Phantasie, wie wir alte Betätigungen durch neue Aufgaben ersetzen konnten. Allerdings machten uns Tierarzt und Tierheilpraktiker bewusst, dass Ipo mit beinahe zehn Jahren zu den älteren Hunden gehörte und so manche Eskapade nicht mehr so leicht wegsteckte, wie er es in jungen Jahren getan hatte.

Heimatliebe

Robert hatte seine Kindheit im Voralpenland verbracht. Die Liebe zu den Bergen wurde ihm bereits in die Wiege gelegt. Wir lebten mit Ipo im hügeligen Rottal. Eine idyllische, ruhige Gegend, die alles bietet, was für ein unbeschwertes Leben mit Hund wichtig ist. Allerdings vermissten wir immer mehr die Nähe zu den Bergen, die Seenlandschaft und die vielen weiteren sportlichen und kulturellen Angebote, die Roberts Geburtsort Rosenheim bot. Immer häufiger befassten wir uns mit dem Gedanken, eines Tages dorthin zurückzukehren und kurz nach Ipos zwölftem Geburtstag begann unser Traum Realität zu werden. Durch Zufall wurden wir auf ein kleines Häuschen, inmitten von Wiesen und Feldern, am südlichen Stadtrand aufmerksam. Von dort war es nicht weit zur Stadtmitte. Die Autobahneinfahrten Richtung Salzburg und München lagen einen Katzensprung entfernt. Selbst wenn Robert für die Anfahrt ins Unternehmen beinahe eine Stunde brauchte, wollten wir zumindest die Wochenenden dort verbringen. Und sollten wir tatsächlich ganz dorthin umziehen, würde meine Mutter Robert gerne aufnehmen, wenn er einige Tage am Stück in Niederbayern bleiben musste. Kurz entschlossen kauften wir die halbfertige Bleibe und steckten jede freie Minute in die Fertigstellung unseres Hauses. Wir reduzierten sogar unseren viel geliebten Herbsturlaub auf Sardinien, um die Hecke im Garten zu pflanzen und die Außenanlagen vor Winter-einbruch fertig zu gestalten. Gleich im Anschluss an die Verbriefung beim Notar zogen wir unsere Gartenklamotten über. Der Humus im Garten war alles andere als hundefreundlich. Ipo hatte zwar kein Problem damit, mit schmutzigen Pfoten und schwarzen, erdigen Stulpen durch das frisch gefliese Haus zu laufen. Mir aber bildeten sich beim Anblick der Schmutzschicht im neuen Haus die Sorgenfalten auf der Stirn.

„Wir brauchen dringend einen Rasen im Garten", sagte ich, bevor ich mir um die Einrichtung der Küche und der Wohnräume Gedanken machte.

Robert, ganz der Hobbygärtner, beschäftigte sich mit geeigneten Rasensamen. Er arbeitete sich immer tiefer in die Materie „hundetaugliche Rasenfläche" ein. „Ich schwanke zwischen einer Wiese und einem Fußballrasen", informierte er mich kurz vor der Endauswahl. „Ein Rollrasen würde sofort für Grün sorgen. Die Phase von der Aussaat bis zu den ersten, fest verwurzelten Grasnaben könnten wir uns sparen. Die Sache hat nur einen Haken. Der Rollrasen kostet das Vierfache."

Damit war die Sache für mich auch schon entschieden. „Strapazierbarer Fußballrasen hört sich doch gut an. Verträgt der auch den speziellen Hundedünger oder gibt es an Ipos Reviermarkierungen gelbe Stellen?"

Für unsere nicht einmal einhundert Quadratmeter Grund wurden wir inzwischen von einem Spezialisten für Rasenflächen in Fußballstadien und andere hochkomplizierten Flächen betreut. „Ein strapazierfähiger, hundetauglicher Rasen ist noch nicht erfunden", bestätigte er.

„Die Anforderung an einen Hunderasen sind dermaßen vielschichtig, dass es noch niemanden gelang, eine widerstandsfähige Samenmischung zu entwickeln."

Schon wieder tat sich eine Marktnische vor meinem geistigen Auge auf. Allerdings hatte ich zu wenig Ahnung von der Materie. Ich ließ die Idee wieder fallen und wünschte, ein anderer würde die Produktentwicklung aufgreifen. Das Vermögen, das er damit verdienen würde, hätte ich ihm von Herzen gegönnt, denn schließlich würde er damit Millionen von Hundehaltern das Leben leichter machen.

„Ein Fußballrasen hält zumindest Ipos Bremsspuren stand", bestätigte Robert. „Nur nach tagelangen Regenfällen, wenn der Boden vollkommen aufgeweicht ist, muss Ipo sein Tempo drosseln."

„Das kriegen wir hin", erwiderte ich. „Allerdings habe ich Bedenken, dass der niedrige Zaun Ipo eher zum Agility animiert, als ihn davon abzuhalten, darüber in die Freiheit zu entschwinden. Die fünfzig Zentimeter überspringt er immer noch aus dem Stand. Der mickrige Zaun hält ihn nicht davon ab, bei den Hundedamen der Nachbarschaft vorbeizusehen oder ohne um Erlaubnis zu fragen mit den Nachbarskindern auf der Straße zu spielen."

„Ich dachte, wir setzen eine Buchenhecke hinter den Zaun."

„Gute Idee." Ich dachte an eine dicht gewachsene, fertige Hecke, als ich Robert zustimmte. Mir war zu diesem Zeitpunkt nicht klar, dass es Jahre dauern würde, bis unsere Hecke die Größe erreicht hat, die ich mir bildhaft vorstellte. Bisher hatte ich mich noch nie eingehend mit Gartenbepflanzung beschäftigt. Ich fiel aus allen Wolken, als ich die kleinen, zarten Pflänzchen sah, die Robert zwar fachmännisch in die Erde pflanzte, die aber so verloren aussahen, dass mir berechtigte Zweifel kamen, ob sie in naher Zukunft zu richtigen Buchenhecken wachsen würden.

Ipo hatte alle Pfoten voll zu tun. Jedes Mal wenn er den Garten betrat, markierte er jedes Bäumchen. Er begoss eines nach dem anderen mit seinem Spezialdünger. Und damit Ipo ja keinen vergaß, entwickelte er einfaches System. Er ging die Strecke jedes Mal aufs Neue von vorne nach hinten und von hinten nach vorne. Um sicherzustellen, dass ihm die Munition nicht ausging, soff er wie ein Loch.

Robert wurde nicht müde und beteuerte ständig: „Die Buchenhecke macht sich nichts aus Hundedung. Die hält das aus."

Falls die Buchenhecke das erste Jahr nicht unbeschadet übersteht, ist nicht viel verloren, dachte ich. Allerdings ließ die städtische Pflanzordnung wenig brauchbare Alternativen zu. Immergrüne Hecken waren allesamt verboten. Die Zaunhöhe durfte nicht mehr als einen Meter betragen und blickdichte Holzzäune waren ebenfalls nicht erlaubt. Lockere Bebauung und Bepflanzung lautete das Motto der Siedlungsplaner. Gestalterisch durchaus nachvollziehbar, allerdings alles andere als ausbruchssicher für Hunde von Ipos Kaliber.

Die meisten Hausbesitzer planen und gestalten ihr Haus von innen nach außen. Aus den vorher beschriebenen Überlegungen zur Hundetauglichkeit arbeiteten wir in umgekehrter Reihenfolge. Die Außengestaltung war fürs Erste abgeschlossen. Innen war nicht viel zu bemäkeln. Das vorgesehene Eichenparkett im Erdgeschoss ersetzten wir in letzter Minute durch strapazierfähige Bodenfliesen im Toskanastil. Der Fußbodenleger war von der außerordentlichen Belastbarkeit des Parkettbodens selbst dann noch überzeugt, als ich von Ipos Härtest erzählte. Als ich beschrieb, wie unser Hund seine Krallen darin einhakt, wenn er aufsteht oder einem Ball nachhechtet, versuchte er sich herauszureden. „Man kann das Parkett jederzeit wieder abschleifen. Es handelt sich nicht um ein dünnes Laminat, sondern um achtzehn Millimeter Vollholzeichenparkett. Nach einem Schleifgang und anschließender Neuimprägnierung sieht es aus wie neu." Ich wollte nicht jedes Jahr den Parkettleger zur Instandsetzung der Fußböden im Haus haben, geschweige denn die Kosten dafür übernehmen. Deshalb blieben wir bei dem seit Jahren bewährten Fliesenkonzept. Mit einem Wisch war aller Schmutz gleich wieder weg. Robert unterstellte mir einen Sauberkeitsfimmel. Ich fand, dass ich mich dank Ipo sogar zur diplomierten Reinigungskraft entwickelt hatte, die jede Hundespur mit Fachverstand und Geschick rückstandslos entfernte.

Die Grundstückspreise mahnten zum sorgsamen Umgang mit der Ressource Boden. Jeder Zentimeter wurde ausgenutzt. Verschwenderischen Umgang mit Wohnfläche konnte man sich hier nicht leisten, weshalb eine Dusche im Erdgeschoss auch nicht vorgesehen war. Wir konnten es drehen und wenden wie wir wollten. Eine spezielle Hundedusche mit Warmwasser war nicht drin. Solange die Außentemperaturen im Plusbereich lagen, musste die Gartendusche ausreichen. Im Winter blieb nur die wunderbare Duschwanne mit Glaswand im Familienbad. Zweifelsohne würde diese unter der alltäglichen Beanspruchung unseres Familienmitglieds auf vier Pfoten leiden, aber jede Hausplanung verlangt nach Kompromissen. Und im Falle der Dusche mussten wir wohl oder übel auf eine Ideallösung verzichten. Da kam er wieder hoch, der Gedanke an einen wasserscheuen Vierbeiner, der am liebsten zwischen den Regentropfen wandern würde.

Das Treppenhaus fiel zugunsten der Wohnräume sehr klein aus. „Je enger die Flure, desto steiler die Treppe", erklärte der Bauträger, als ich die Behelfstreppe bemängelte. „Die Holztreppe ist bereits beim Hersteller bestellt", schob er nach. „Sie wird erst kurz vor der Abnahme geliefert. Natürlich ist sie wesentlich komfortabler als die Bautreppe mit ihren windige Holzdielen."

In unserem Haus im Rottal hatte Ipo eine ganz besondere Technik, mit der er die Treppe hinauf- und vor allem hinunterlief. Beim Läuten der Hausglocke stürmte er los wie ein Sprinter aus dem Startblock und beschleunigte wie ein Hundertmeterläufer. Innerhalb weniger Treppenstufen hatte er sein Höchsttempo erreicht. Bevor sein Körper, von der Fliehkraft getrieben, drohte auszubrechen, schlitterte er an der Wand entlang und übersprang die letzten fünf Stufen. Mir wurde jedes Mal angst und bange, wenn ich ihm nachblickte. Ich hatte nicht die geringste Chance, ihn zu stoppen oder zu einer gemütlicheren Gangart zu bewegen. Er hatte ein untrügliches Gespür dafür entwickelt, wie schnell er die Treppe unversehrt hinabstürzen konnte. Obwohl die Treppenstufen mit glattem Steinzeug belegt waren, bewegte er sich darauf mit schlafwandlerischer Sicherheit. Manchmal erinnerte er mich an einen Eistänzer, so selten, wie er strauchelte, und weil er sich nach einem Sturz schnell wieder aufraffte und weitermachte, als wäre nichts geschehen.

Anhand der Abbildungen des Herstellers konnten wir uns auf der Website ein Bild von der Holztreppe machen. Sie war zweifelsohne um einiges steiler als unsere Treppe im alten Haus. Die Trittstufen waren schmaler und die Setzstufen fehlten gänzlich. Ich hatte Übung darin, die Welt mit Hundeaugen zu betrachten. Ipo war trotz seines fortgeschrittenen Alters noch gut auf den Beinen, allerdings würde es ihm einige Überwindung kosten, die steile Treppe hinabzusteigen. Außerdem war es fraglich, ob seine Sprungkraft noch lange Zeit ausreichte, um diese nach oben zu wandern.

„Mich erinnert die Treppe an die steilen Eisentreppen auf der Fähre. Die meistert Ipo doch auch perfekt", versuchte mich Robert zu beruhigen.

„Ja, aber die geht er nur ab und an. Weißt du, wie oft er zu Hause täglich die Treppen hinauf- und hinunterläuft?"

„Ich weiß nicht, aber ich denke mindestens dreißig Mal."

„Das könnte hinkommen."

„Wir können im Moment sowieso nichts ändern. Falls Ipo Probleme hat, müssen wir nachrüsten."

Wir sperrten die Behelfstreppe so ab, dass Ipo sie nicht betreten konnte. Eine schlechte, tief sitzende Erfahrung wie anfänglich mit dem Autofahren wollten wir ihm und uns ersparen. Leider nahmen die Handwerker unsere Vorsichtsmaßnahme nicht ernst. Der Sanitärfachmann entfernte die Absperrung und ehe wir uns versahen, stürmte Ipo neugierig dem sympathischen Handwerker hinterher. Er ging problemlos nach oben. Auf dem Weg nach unten zögerte er. Er hatte sichtlich Angst, er könnte abstürzen. Mit den Vorderpfoten stand er bereits eine Schwelle weit unten. Sein Hinterteil ragte weit in die Höhe und war kurz davor, ihn zu überholen.

Robert schnappte sich Ipo mit einem beherzten Griff und trug ihn nach unten.

„Zum Glück hast du ihn noch rechtzeitig abfangen können", rief ich erleichtert, als er mit Ipo auf dem Arm die Treppe herunterkam.

„Ja, aber die Treppe wird eine Herausforderung. Das ist sicher", sagte Robert, während er Ipo am Boden absetzte.

Es waren nur noch ein paar Tage bis zur Abnahme. Die Handwerker gaben sich die Klinke in die Hand. Elektriker,

Sanitärfachmann, Maler, Fliesenleger. Jeder gab seiner Arbeit den letzten Schliff. Ipo stand ständig im Weg und hatte nur Blödsinn im Kopf. Er verzog den Handwerkern die Zollstöcke, schnappte sich deren Brotzeittüten oder forderte sich durch lautes Bellen zum Spiel auf. Wir packten ihn ins Auto, wo er sofort einschlief. Wir klärten die letzten Ungereimtheiten mit den Handwerkern und fuhren zurück in unser noch für zwei Tage genutztes Wohnhaus. Dort stapelten sich die gepackten Kisten und Kartons. Manche Räume waren bereits leer geräumt. Robert hatte unser Auto vor jeder Fahrt ins neue Haus immer vollgepackt. Den Abbau von Schrank und Bett sowie den Transport der schweren, sperrigen Möbel sollte eine Umzugsfirma erledigen.

Mitte November war es dann soweit. Pünktlich um fünf Uhr morgens rollte der Umzugswagen an und innerhalb von zwei Stunden war unsere Bude leer geräumt. Robert koordinierte den Umzug. Ich kümmerte mich um Ipo und fuhr mit meinem eigenen Auto hinterher. Wehmut überkam mich, als ich das letzte Mal unseren Spazierweg entlanglief, den ich mit Ipo beinahe zwölf Jahre tagein tagaus gegangen war. Was haben wir hier nicht alles erlebt, dachte ich. Seine ersten Schritte als Welpe, die vielen Hundebegegnungen und die Ruhe, wenn wir von unseren Auslandsreisen zurückkehrten. „Ich werde das hier vermissen", sagte ich zu Ipo. Die Tränen liefen mir über die Wangen. Ipo wusste meine Stimmung nicht recht einzuordnen. Wir hatten diesen Ort viele Male verlassen, aber bisher waren wir immer zurückgekehrt. Dieses Mal war es ein Abschied für immer und ich hoffte, dass Ipo sich in seiner neuen Heimat schnell eingewöhnen und wohl fühlen würde.

Ich rief Robert auf dem Handy an, als ich wegfuhr. „Ich bin jetzt auf dem Weg."

„Wir laden schon aus", entgegnete er.

Es war ein kühler, verregneter Novembertag. Solange die Umzugsmitarbeiter noch bei der Arbeit waren, ließ ich Ipo im Auto. Hier hatte er Ruhe. Im Haus hätte er nur die Zollstäbe geklaut oder das Packpapier umhergetragen. Für diese Spiele fehlte mir jetzt allerdings die Muße. Erst zur Kaffeepause holte ich Ipo in die Küche. Fröhlich begrüßte er die Männerrunde am Küchentisch, ehe er hungrig über sein Futter herfiel. Seine Hundedecke hatte er bereits gefunden. Er machte es sich darauf gemütlich und schlief sofort wieder ein.

„Das stimmt mich zuversichtlich", sagte ich zu Robert, als ich Ipo auf der Decke schlummern sah.

„Ipo ist so viel mit uns verreist. Er ist ein Profi und bisher hat er sich überall sofort zurechtgefunden. Ich bin sicher, das gelingt ihm auch hier. Außerdem haben wir ein ganzes Wochenende, um ihn in die neue Umgebung einzuführen."

Am frühen Nachmittag hatten die Umzugsmitarbeiter ihre Aufgaben erledigt. Ich begann damit, die Kisten auszupacken und die Klamotten, die Bücher und das Geschirr in den Regalen zu verstauen. Ipo blieb erstaunlich ruhig.

„Normalerweise folgt er mir auf Schritt und Tritt, wenn ich in einer neuen Bleibe alles einrichte."

„Er ist müde. Das war ein anstrengender Tag", erwiderte Robert und legte sich für ein paar Minuten auf die Couch.

Am frühen Abend strichen wir die Segel. Die Wochen vor dem Umzug waren anstrengend gewesen. Jetzt, nachdem wir alles im neuen Haus verstaut hatten, fiel eine große Last von uns ab.

Während ich den Abwasch erledigte, ging Robert mit Ipo eine Spazierrunde.

„Komm Ipo. Wir gehen schlafen", sagte Robert und stieg die Treppe nach oben in den ersten Stock. Ipo blieb wie angewurzelt im Erdgeschoss stehen. Angstvoll blickte er nach oben. Diesen Gesichtsausdruck hatte ich lange nicht mehr gesehen. Mit dem gleichen Entsetzen, mit dem er damals das Auto betrachtet hatte, sah er jetzt auf diese Treppe. Das verhieß nichts Gutes. Ich ging ebenfalls nach oben und versuchte ihn zu motivieren, mir nachzukommen. „Ipo komm." Ich versuchte es mit gutem Zureden, mit Leckerlis und mit seinem Lieblingsspielzeug. Doch es war nichts zu machen, Ipo hatte Angst davor, auf diese Treppe zu steigen und wir hatten nicht die Energie, um noch weitere zwei Stunden auf ihn einzureden.

„Ipo ist hundemüde. Wir lassen ihn im Erdgeschoss schlafen und lassen ein Licht brennen. Morgen versuchen wir das Treppenexperiment aufs Neue."

„Wenn du meinst", sagte ich und fühlte mich unwohl bei dem Gedanken, dass Ipo die erste Nacht im neuen Haus nicht neben unserem Bett verbringen sollte.

„Und wenn du ihn nur heute Nacht nach oben trägst?", fragte ich vorsichtig.

„Wenn ich das mache, geht Ipo die Treppe nie. Warum sollte er sich dazu überwinden, wenn ich den Lift für ihn spiele."

Robert hatte Recht. Wenn Ipo bei uns sein wollte, musste er sich überwinden. Ich war sicher, er würde das tun, denn unser Hund war nun wirklich kein Angsthase.

Die Sache mit der Treppe nahm ähnliche Ausmaße an wie das Autofahren zur Welpenzeit. Ipo entwickelte eine regelrechte Treppenphobie. Statt langsam Vertrauen aufzubauen, zitterte er nur beim Anblick der Treppe. Gleichzeitig litt er enorm darunter, dass er uns nicht mehr auf Schritt und Tritt begleiten konnte. Zwölf Jahre seines Lebens war er mit uns durchs ganze Haus gewandert. Auf einmal war er in seinem Bewegungsspielraum auf das Erdgeschoss reduziert. Tag für Tag verlor Ipo an Lebensfreude. Obwohl er immer gerne mit uns quer durch Europa getingelt war und sich an vielen Plätzen schnell eingewöhnt hatte, hatte er jetzt großes Umstellungsprobleme und Heimweh.

Einen alten Baum verpflanzt man nicht. Ob dieses Sprichwort auch bei Hunden Gültigkeit besitzt? Hatten wir Ipo mit dem Umzug vielleicht zu viel zugemutet? Immerhin ging er in Menschenjahren gerechnet auf die neunzig zu. Aber bis zu unserem Umzug hatte man ihm das Alter überhaupt nicht angemerkt. Jetzt baute er von Tag zu Tag mehr ab. Er war wie blockiert und konnte nichts Neues aufnehmen.

Robert packte das Übel Treppe an der Wurzel. Er erkundigte sich bei Treppenbauern, Schreinern und dem Treppenhersteller nach Modifikationsmöglichkeiten. Ein guter Freund, den wir aus unseren Sardinienurlauben kannten, war der Retter in der Not. Er war Schreiner und kannte sich bestens aus mit Sonderaufträgen. „Setzstufen einbauen ist kein Problem", sagte er, als er die Treppe begutachtete. Eine Woche später war zumindest die Durchsicht nach unten nicht mehr möglich. Sofort nachdem unser Freund seine Arbeit getan hatte, lief Ipo die Treppe nach oben und wieder nach unten. Wir fielen uns in die Arme. „Bin ich froh", sagte ich. „Endlich kann Ipo wieder bei uns sein." Robert belegte die Trittstufen mit selbstklebenden Sisalstücken, damit Ipo mit seinen Pfoten Halt fand. Er überwand die Stufen Pfote für Pfote. Allerdings legte er nicht mehr die gleiche Geschwindigkeit an den Tag wie bei der Treppe in unserem alten Haus. Darüber war ich nicht ganz unglücklich, denn es konnte nur gut sein, wenn Ipo mit den Jahren beim Treppenlauf eine gemäßigte Gangart wählte.

Nachdem Ipos größte Blockade beseitigt war, blühte er immer mehr auf. Er interessierte sich für die Hunde, die er auf seinen Spazierwegen traf und tollte mit den Kindern aus der Nachbarschaft in unserem Garten herum. Seine Lebensfreude kehrte zurück. Tag für Tag fühlte er sich wohler in der neuen Umgebung. An Weihnachten war er wieder ganz der alte.

Glückliche Seniorenzeit

An Heiligabend dübelten wir die Vorhangstange in der Küche an die Decke. Damit war unser Umzug endgültig abgeschlossen. Wir freuten uns auf erholsame Urlaubstage in unserem neuen Heim. Endlich hatten wir wieder Zeit für uns, für Familie und Freunde. Unser täglicher Spazierweg begann direkt hinter unserer Haustüre. Mit Blick auf den Wendelstein, das Sudelfeld und unserem Hausberg die Hochries schlenderten wir mit Ipo über die vom Frost gefestigten Wiesen. An Föhntagen blitzte der Großvenediger hinter dem Wilden Kaiser hervor. Unser neues Zuhause war das reinste Urlaubsparadies und wir hatten das Glück, auch im Alltag an diesem Fleckchen Erde zu leben.

Ipo hatte sich prächtig eingelebt. Gut informierte Kreise berichteten, er hätte sogar die Führerschaft im Hunderudel übernommen. Er schloss Freundschaft mit vielen Hundedamen. Andere Rüden zollten ihm Respekt. Er stand einem Jagdhundwelpen aus der Nachbarschaft als väterlicher Freund zur Seite. Ipo war voller Energie und Tatendrang.

„Was, Ipo wird Anfang nächsten Jahres dreizehn? Das gibt es nicht! Er sieht viel jünger aus", lautete das allgemeine Credo, wenn wir Bekanntschaft mit anderen Hundehaltern machten. Wenn sie von den Alterszipperlein ihrer Hunde berichteten, konnten wir wenig damit anfangen.

Gelenkschmerzen, Nierenleiden, Herzprobleme, Kreislaufschwäche – Ipo hatte mit alldem nichts zu schaffen. Er hatte noch nicht mal eine graue Schnauze. Bis auf die Verletzung am Rücken war Ipo nie ernsthaft erkrankt. Keine Operation, keine Narkose. Ipo war putzmunter und gesund. Warum sollten wir uns Gedanken über das Alter machen, wenn unser Hund doch keinerlei Alterserscheinungen zeigte? Wir machten uns sogar einen Scherz daraus und stellten Ipo als zehnjährigen Rüden vor. Sogar ausgesprochene Hundekenner nahmen uns das ab. Ipo verhielt sich nicht anders als in jungen Jahren. Robert und ich befanden uns noch nicht mal in der Lebensmitte. Das Pensionistendasein lag zeitlich genauso weit entfernt wie die Babyzeit zurücklag. Düstere Prophezeiungen von Einschränkungen im Alter wiesen wir von uns. „Ihr werdet schon sehen, wie das ist, wenn man älter wird." Wir verschlossen die Ohren, wenn jemand jammerte, dass ihm nicht mehr alles so leicht von der Hand ging. Man ist so alt, wie man sich fühlt, lautete unsere Devise. Die Einstellung schien auch Ipo mit uns zu teilen.

Kurz nach Neujahr hatten wir unsere Freunde Isabella und Michael zum Abendessen eingeladen. Robert hatte frischen Fisch bestellt. Er zog Jacke und Schuhe an, da stand Ipo schon neben ihm. „Klar, du kommst mit." Robert öffnete die Heckklappe am Auto. „Hopp, Ipo." Ipo sprang hoch, allerdings nicht hoch genug. Die Vorderpfoten hatte er auf der Hundedecke, doch mit den Hinterpfoten blieb er an der Stoßstange hängen. Er jaulte auf.

Erschrocken rannte ich zur Tür. „Was ist passiert?"

„Ipo ist beim Reinspringen mit den Hinterläufen gegen die Stoßstange gekracht. Vermutlich hat er sich geprellt."

„Oh, je! Möchtest du ihn bei mir lassen?"

„Nein, es geht schon wieder. Aber das nächste Mal hebe ich ihn besser ins Auto."

Mit einem unguten Gefühl ging ich zurück in die Küche. Ich spürte, dass dieser kleine Ausrutscher eine Wende in Ipos Leben bedeutete.

Als die beiden mit ihrer Beute zurückkehrten, konnte Ipo nicht verbergen, dass er sich verletzt hatte. Er schonte seinen rechten Hinterlauf und zog ihn hinter sich her.

„Anscheinend kann er das eine Bein nicht mehr voll belasten", sagte ich, als ich ihn beobachtete, wie er im Garten herumspazierte.

„Das wird schon wieder", beruhigte Robert. „Das kann schon mal passieren. Bisher ist Ipo noch in jedes Auto und sogar in unser Wohnmobil ohne fremde Hilfe eingestiegen."

Wir ahnten, dass Ipos Sprungkraft schon längere Zeit spürbar nachgelassen hatte. Aber irgendwie wollten wir es beide nicht wahr haben.

„Was, Ipo springt mit seinen gut zwölf Jahren immer noch selbst ins Auto? Das hat unser Hund mit neun Jahren schon nicht mehr geschafft." Unsere Freundin Isabella hatte auch einen Golden Retriever. Sie hatte für Luna eine Einstiegshilfe gekauft, die ihre Hündin allerdings ablehnte. „Sie hat keine Pfote darauf gesetzt. Jetzt verstaubt das teure Edelding bei uns in der Garage. Du kannst es dir gerne ausleihen."

Robert winkte ab. „Danke. Das ist nett. Aber ich bin sicher, Ipo wird sich genauso darum herumdrücken, wie es Luna tat."

„Und was machst du jetzt?", fragte ich weiter.

„Sie ist zu schwer. Ich kann sie nicht ins Auto heben. Wir haben eine besondere Technik entwickelt. Sie stellt sich auf die Hinterpfoten und stellt die Vorderpfoten auf die Stoßstange. Ich hebe sie hinten hoch und schiebe sie ins Heck hinein. Das funktioniert prima. Allerdings zerkratzt sie mit ihren Krallen die lackierte Stoßstange. Aber damit kann ich leben."

Am nächsten Morgen testeten wir Isabellas Vorschlag mit Ipo. Was ist schon eine verkratzte Stoßstange, wenn unser Hund dafür sicher im Auto landet? Ein in der Praxis erprobter Tipp ist allemal einen Versuch wert, dachte ich. Dabei hatte ich die Rechnung ohne Ipo gemacht. Er hasste es, auf fremde Hilfe angewiesen zu sein. Ipo gehörte zu der Spezies Hund, die alles aus eigener Kraft erreichen will. Ich erinnerte mich, wie er als Welpe mit den Pfoten gerudert hatte, wenn ich ihn in den Arm nehmen wollte. Er hatte so lange gezappelt, bis ich ihn wieder auf den Boden setzte und er wieder festen Boden unter den Pfoten hatte. Mit seinem Drang nach Eigenständigkeit torpedierte er auch jetzt unser Vorhaben. Beim Anblick der offenen Heckklappe nahm er alle Kraft zusammen und sprang mit einem Satz ins Heck. Robert konnte ihn gerade noch rechtzeitig auffangen, sonst wäre Ipo ein zweites Mal in die Stoßstange gekracht.

„Hast du wirklich geglaubt, Ipo stellt sich auf die Hinterpfoten und wartet darauf, dass du ihn ins Auto schiebst?"

„Dann bleibt uns nur der Versuch mit der Einstiegshilfe."

„Vergiss es. Nie und nimmer geht Ipo über solch eine Hühnerleiter."

„Was dann? Soll ich etwa fünfunddreißig Kilo Muskelmasse ins Auto heben?"

„So weit ist es noch nicht. Wenn die Prellung am Hinterlauf ausgeheilt ist, kann Ipo sicherlich wieder ganz allein ins Auto springen."

Trotz Homöopathika verbesserte sich Ipos Zustand nicht wesentlich. Er humpelte weiter durch die Gegend. Der Besuch beim Tierheilpraktiker war unerlässlich. Während er Ipo die Akupunkturnadeln setzte, sprach er aus, was ich befürchtet hatte. „Ipos Sprungkraft lässt nach. An guten Tagen schafft er es selbst ins Auto und an schlechten Tagen bleibt er hängen. Ich würde eine Einstiegshilfe anschaffen oder ihn ins Auto heben."

Ipo hatte Schmerzen. Der Tierheilpraktiker schaffte Abhilfe. Verständlicherweise arbeitete auch er nicht kostenfrei. Häuften sich Ipos misslungene Einstiegsversuche, würde sich das nicht nur auf seinen Körper, sondern auch auf meinen Geldbeutel auswirken. Mir behagte weder die Vorstellung Ipo mit nassen, dreckigen Pfoten auf den Arm zu nehmen und ihn ins Auto zu heben, noch ihn mit einer im Moment neunzigprozentigen Erfolgsquote selbst ins Auto springen zu lassen. Auf dem Nachhauseweg holte ich die Einstiegshilfe bei Isabella ab.

Robert lachte, als er mich dabei beobachtet, wie ich mit dem Gerät hantierte. Ich klappte die Leiter aus und hängte sie an der Stoßstange ein. Ipo wollte nicht einmal eine Pfote auf das befremdliche Ding setzen. Selbst als ich den Weg mit seinen Lieblingskeksen pflasterte, blieb er nachdenklich davor stehen. Als ihm das Spiel zu blöd wurde, nahm er alle Kraft zusammen. Er versuchte an der Einstiegshilfe vorbeizuspringen. Robert trat gerade noch dazwischen. Er fing Ipo noch rechtzeitig ab. „Schluss jetzt", zischte er. „Pack das Ding wieder ein."

Mir blieb nichts anderes übrig, als mir die richtige Hebetechnik und korrekte Beinarbeit anzueignen, um fünfunddreißig Kilo Golden Lebendgewicht zu verstauen, ohne dabei massive Rückenprobleme zu riskieren. Nach wenigen Wochen gab sich Ipo geschlagen. Es dauerte allerdings Monate, bis er die menschliche Einstiegsunterstützung vollends akzeptierte und sogar dankbar annahm.

Bis zum Sommer zeigte Ipo keine weiteren gesundheitlichen Probleme. Er hörte und sah wie ein Luchs. Der Augentierarzt attestierte im Rahmen einer Routineuntersuchung ein ausgezeichnetes Sehvermögen. Herz- und Kreislaufsystem waren selbst im Hochsommer voll auf Trab. Dreißig Grad im Schatten rangen Ipo höchstens ein vermehrtes Hecheln ab. Die Entgiftung über Leber und

Niere unterstützen wir durch die Gabe homöopathischer Mittel. Dreimal täglich bestand Ipo auf ausgedehnte Spaziergänge. Auf kurzen Bergtouren war er immer noch mit von der Partie. Sein Spieltrieb war ungebrochen. Er betrat den Garten nur in Begleitung eines Plüschtieres. Am Ende des Tages lag der Inhalt seiner gesamten Spielkiste im Garten verstreut. Mit Vorliebe machte er sich im Büro und Haushalt nützlich. Er apportierte alles, was nicht niet- und nagelfest war. Schmutzwäsche, Papierkörbe, Wertstoffe, Handtücher, Schuhe. Nichts war vor ihm sicher. Er lieferte alles stets unversehrt an den Meistbietenden ab. Angesichts seines fortgeschrittenen Alters unterbanden wir keine seiner Beschäftigungstherapien. Wir waren eher froh, dass er mit seinen mehr als dreizehn Jahren noch so viel Spaß am Leben und der Arbeit hatte. Ipo war aktiv und geistig rege. Unsere Aufgabe bestand eher darin, seinen Aktionismus in die richtigen Bahnen zu lenken und ihn ab und an zu bremsen. Natürlich waren wir glücklich über seine Bewegungsfreude und seinen Tatendrang, allerdings sollte er sich nicht ständig körperliche Höchstleistungen abverlangen. Selbst einer Urlaubsreise nach Sardinien stand nichts im Weg. Als wir Ende Oktober davon zurückkehrten, strotzte Ipo nur so vor Kraft und Energie.

„Ipo wird gesund steinalt", scherzte ich, als ich ihn beobachtete, wie er in der Herbstsonne seinen Mittagsschlaf hielt.

„Ja, er genießt sein Rentnerleben in vollen Zügen. Das gefällt mir. Hoffentlich bin ich auch so fit wie er, wenn ich mal auf die hundert Jahre zugehe."

Anfang November verabschiedete sich der Altweibersommer. Der nasskalte Herbst brach mit voller Wucht herein. Zum ersten Mal setzten Ipo Wind und Regen zu. Seine Glieder und Gelenke litten unter der feuchten Kälte. Wir packten ihn kurzerhand in einen wärmenden, wasserabweisenden Hundemantel, den er sich anfangs nur ungern überziehen ließ. „Glaubst du, der Mantel outet dich als Hundeoldie? Dabei bist du doch so schick", versuchte ich Ipo zu ermutigen, während ich ihm den Mantel überstreifte. Bisher hatte ich Hundemäntel als modisches Accessoire für verwöhnte Schoßhunde abgetan. Ich hatte nicht im Entferntesten daran gedacht, Ipo unter ein derart lächerliches Teil zu packen. Aber der Tierarzt hatte mich eines Besseren belehrt. Er empfahl die Decke für ältere Hunde mit Problemen an der Wirbelsäule, und tatsächlich erwies sich das Teil als Wohltat für Ipos Gelenke und Sehnen.

Im Winter tauchten dann Probleme beim Treppensteigen auf. Ipo fehlte die Kraft, um sich abzustoßen. Anfangs zog er sich mit den Vorderläufen nach oben. Dann nahm er verstärkt Anlauf und zum Schluss übersprang er die ersten Stufen. Er wurde nicht müde und feilte an seiner Technik, damit er die Treppe aus eigener Kraft bewältigen konnte und nach oben kam. Als er allerdings mit voller Wucht in die Stufen krachte und platt wie ein Frosch in der Mitte der Treppe hängen blieb, mussten wir handeln. Unser Notfallplan bestand aus dem Besuch beim Tierheilpraktiker. Er akupunktierte wie gehabt und verordnete Naturheilmittel. Wie zur Welpenzeit sperrten wir anschließend die Treppe ab, damit Ipo sie nicht ohne Aufsicht hinauflaufen konnte. Den Weg nach unten absolvierte er immer noch mit Bravour. Es kostete ihn zwar sichtlich Überwindung, wenn er sich nach unten stürzte. Die Treppe war so steil, dass sein Hinterteil drohte ihn zu überholen. Aber er meisterte die Aufgabe immer noch gekonnt. Der Treppenlauf erforderte höchste Konzentration. Ein Fehltritt und Ipo würde unweigerlich abstürzen. Ich beobachtete Ipos Mutprobe einige Zeit. Ich hatte Angst, dass er sich die Knochen brach. Noch ehe ich die Sache zu Ende denken konnte, nahmen die Dinge ihren Lauf. Ipo knickte ein. Er verlor die Kontrolle und schlitterte auf dem Bauch die Treppe hinunter. In der Treppenkurve klatschte er gegen die Wand und blieb reglos liegen. Jetzt ist alles vorbei, dachte ich. Ich lief hinterher und richtete ihn auf. Ipo hatte Glück im Unglück. Außer ein paar Prellungen und Zerrungen war nichts geschehen. Aber er hatte auch keine geschmeidigen Welpenbeine mehr, die solche Eskapaden verziehen. Über Wochen waren wir Dauergast beim Tierheilpraktiker. Ipo nach jedem missglückten Treppenabgang wie einen Spitzensportler im Wettkampf gesund zu spritzen, konnte nicht die Lösung sein.

Dann nahm Ipo uns die Entscheidung ab. Er blieb wie angewurzelt an der Treppe stehen.

„Unser Hund ist mutig, aber nicht todesmutig", sagte Robert und trug Ipo die Treppe hinunter. Anfangs zappelte er wie ein Fisch an der Angel. Später blieb er ruhig und gelassen. Wie ein Hundebaby ließ er sich die Treppe nach oben und unten tragen. Die Absperrgitter ließen wir sicherheitshalber trotzdem montiert. Für den Moment hatte Ipo den selbständigen Treppengang zwar abgehakt, aber ein gewisses Restrisiko blieb zurück. Sollte er wider Erwarten seine Angst vergessen und einen erneuten Versuch starten, mussten wir ihn mit einer Absperrung davon abhalten. Als wir im Frühjahr das Wohnmobil aus dem Winterschlaf holten und vor der Haustür parkten, war so ein Moment gekommen. Ipo nahm all seinen Mut zusammen. Er mogelte sich irgendwie an der Absperrung vorbei und schob sich mit aller Kraft nach oben. Auf der Mitte der Treppe verließen ihn die Kräfte. Er kam weder vor, noch zurück. Robert hörte Ipos panisches Hecheln und rettete ihn aus der Not. Von nun an war die Treppe für Ipo endgültig passé. Selbst auf Reisen mied er von da an steile Treppen wie der Teufel das Weihwasser.

Biblisches Alter

Im April feierte Ipo seinen vierzehnten Geburtstag auf Sardinien. Obwohl er längere Ruhepausen brauchte und mehr schlief als die Jahre zuvor, war er im Vergleich zu gleichaltrigen Kollegen nach immer fit wie ein Turnschuh. Allerdings verkürzten wir die Strandspaziergänge und stimmten Schwimmrunden bei vierzehn Grad Wassertemperatur nur an windstillen, sonnigen Tagen zu. Bei Restaurantbesuchen oder Einkaufstouren blieb Ipo auch gerne mal im Wohnmobil zurück. Mehr als dreißig Mal hatte Ipo mit uns die Insel besucht. Er kannte jeden Strauch und jeden Stein auf dem großen Wildcampingplatz. Und da er sich in einer sehr guten konstitutionellen Verfassung befand, stellten wir unsere obligatorische Frühjahrsreise nicht infrage. Als wir wieder daheim waren, blieb Ipo ebenso stabil. Erst im Herbst bemerkten wir, dass er mehr Kraft brauchte um den normalen Alltag zu bewältigen. Statt langen Spaziergängen legte er sich lieber mal auf der Terrasse in die Sonne. Bei unkontrollierten Bewegungen und wildem Umherspringen mahnte sein lädierter Rücken durch Schmerzen zu Ruhe. Bei Begegnungen mit anderen Rüden zog er sich öfter mal zurück. Spielerisches Kräftemessen mit vor Kraft strotzenden Jungspunden wurde ihm zu anstrengend. Das Interesse am weiblichen Geschlecht blieb unverändert groß. Immer wenn er auf eine fesche Hundedame traf, streckte er seinen Rücken durch. Er trabte leichtfüßig neben der Hündin her. Auch wenn er auf dem Rückweg dann Mühe hatte, nicht über die eigenen Pfoten zu stolpern, zeigte er keine Schwäche, solange sich die Hündin noch in Sichtweite befand. Ipo erinnerte mich an Männer im fortgeschrittenen Alter, die beim Anblick junger Frauen schon mal den Bauch einziehen und die Brust herausstrecken. Männliches Imponiergehabe ·war demnach nicht nur auf zwei Beinen, sondern auch auf vier Pfoten verbreitet.

Ipo nahm zwar zur Kenntnis, dass seine Energiereserven nicht endlos aufladbar waren, aber untätig herumliegen und warten wie die Zeit vergeht, das war nun wirklich nichts für ihn. Er suchte sich andere Aufgaben, die ihn ausfüllten und denen er bisher wenig Beachtung geschenkt hatte. Er arbeitete an der Verbesserung seiner Apportierfähigkeiten und er bettelte wie ein Weltmeister. Ipo brachte ständig etwas an, das wir ihm mit einem Keks abkaufen mussten. Als hätten wir ein Kleinkind im Krabbelalter, stellten wir Zeitschriften, Papiertüten, Pantoffeln und Handtaschen nach oben. Denn Ipo brachte den gleichen Gegenstand mehrmals, wenn er für ihn erreichbar war. Wenn ich in der Küche hantierte, lauerte Ipo mir auf und war sofort zur Stelle, wenn versehentlich etwas zu Boden fiel. Den Staubsauger konnte ich getrost in der Ecke stehen lassen, denn Ipo verwertete jeden Krümel. „Du kannst froh sein, dass er sich im Restaurant noch zu benehmen weiß", lachte Isabella, als ich ihr am Telefon von Ipos neuestem Freizeitsport erzählte. „Unsere Luna putzt unter jedem Tisch, bevor wir sie darunter ablegen. Und wenn sie unter einem benachbarten Tisch etwas als fressbar identifiziert, schreckt sie nicht davor zurück, unter dem Nebentisch weiterzumachen." Jahrelang hatte sich Isabella über unsere strikten Erziehungsregeln lustig gemacht. „Willkommen in Club", sagte sie jetzt zum Abschied und meinte damit die Interessengemeinschaft der Hundehalter mit schlecht erzogenen und schwerhörigen Vierbeinern. Mit Rücksicht auf Ipos fortgeschrittenes Alter wurden wir in Gehorsamsfragen immer großzügiger. Wir schimpften nicht mit ihm, wenn er voller Freude mit seiner Beute angelaufen kam. Wir waren einfach nur glücklich, dass unser Vierbeiner im hohen Alter bei so guter Gesundheit und voller Lebensfreude war. Und er lieferte immerhin alles bei uns ab. Von Selbstbedienung hielt Ipo zum Glück nicht sonderlich viel. Zugegeben, viele seiner Beutestücke waren nicht fressbar. Er musste also erst ein Tauschgeschäft vornehmen und seine Fundstücke gegen Kekse eintauschen. Allerdings blieb er auch bei Brot-, Käse- und Wursttüten bei seinem Vorgehen und ließ sich in Leckerliwährung ausbezahlen.

Über ungestraftes Betteln war Ipo auf den Trick gekommen, wie er bisher gültige, jedoch für ihn manchmal unliebsame Benimmregeln ungestraft außer Kraft setzte. Er entwickelte sich zum Meister darin, nachlassendes Hörvermögen gewinnbringend einzusetzen. Ich rief Ipo stets mit „Ipo, hier" zurück. Manchmal bediente ich mich der Hundepfeife. Dazu nutzte ich die helle Seite und

pfiff mehrere kurze Töne hintereinander. „Tüt, Tüt, Tüt."
Meist kam Ipo freudig angelaufen. Stets wurde er dann
mit einem Streichler oder einem Hundekeks belohnt.
Immer öfter ignorierte Ipo nun meine Rückrufe oder
Pfiffe. Gleichzeitig schoss er aber wie ein Blitz auf mich
zu, wenn ich mit der Kekstüte raschelte. „Ich glaube, Ipo
hört nicht mehr so gut", schilderte ich Robert meine
Erlebnisse.

„Das kann gut sein. Aber wie erklärst du dir, dass Ipo
selbst laute Pfiffe überhört, das leise Rascheln der Kekstüte jedoch aus großer Entfernung wahrnimmt?"

„Ja, das ist die Frage ... Vielleicht hört er nur die schril-
len, hohen Töne nicht mehr so gut."

„Das kann gut sein", erwiderte Robert. „Hauptsache er
kommt zu dir zurück."

Robert lehnte die Erziehung mit Leckerlis strikt ab.
„Ich bin doch keine wandelnde Kekstüte. Ich möchte das
Ipo zu mir aufsieht und mich wertschätzt. Er soll meine
Anweisungen mit Freude befolgen und nicht wegen der
Aussicht auf Delikatesshäppchen Gehorsam zeigen."

Vierzehn Jahre blieb er seiner Ausbildungsmethode
treu. Sie war von Erfolg gekrönt und ich war manchmal
etwas neidisch, wenn Ipo Robert jeden Wunsch von den
Lippen ablas, während ich um seine Aufmerksamkeit
buhlen musste und oft nur die Bestechung mit Keksen
zum gewünschten Ziel führte. Allerdings übernahm Ipo
das Zurückkommen nach Lust und Laune nun auch auf
den Spaziergängen mit Robert. „Jetzt bleibt mir nichts
anderes übrig, als auch eine Kekstüte einzustecken", sagte
er verärgert. „Aber wer weiß, vielleicht hört er bestimmte

Töne wirklich nicht mehr so gut. Das Rascheln der Kekstüte hört er zumindest noch immer aus jeder Entfernung."

Wir beobachteten Ipos Veränderungen im Alter, und zum ersten Mal stellte sich die Frage, ob die Herbstreise nach Sardinien für Ipo noch machbar war. Wir konsultierten den Tierarzt und den Tierheilpraktiker, denn wir waren vermutlich nicht objektiv genug, um Ipos Reisefähigkeit richtig einzuschätzen. Sie stimmten beide einer erneuten Urlaubsreise zu. Allerdings sollten wir uns darauf einstellen, dass dies die letzte gemeinsame Reise sein würde, die wir mit Ipo dorthin unternehmen könnten. Selbst wenn er im Frühjahr noch gesund sei, würden sie ihm mit fünfzehn Jahren die Reisestrapazen nicht mehr zumuten. Wir richteten alles so ein, damit es Ipo möglichst bequem hatte. Bisher waren wir meist mit der Lastwagenfähre gefahren und hatten das „Camping an Bord"-Angebot genutzt. So hatten wir während der Überfahrt zwar in unserem Wohnmobil bleiben können, aber es war heiß und stickig. Wir buchten deshalb eine klimatisierte Kabine für die Überfahrt, in der Hunde erlaubt waren. Unser Wohnmobil tauschten wir gegen einen Wohnwagen mit ausreichend Liegefläche und Klimaanlage, damit Ipo darin selbst an heißen Tagen zur Ruhe kommen konnte. Leider hatte unser gewohnter Campingplatz nach Streitereien unter den Besitzern seine Pforten geschlossen und wir mussten auf einen anderen, aber dafür luxuriöseren Platz ausweichen. Wir versuchten wirklich alles, um Ipo die Reise so angenehm wie möglich zu gestalten. Aber wir mussten feststellen, dass ihm die Strapazen ziemlich zusetzten. Er hatte Mühe, sich in der neuen

Umgebung zurechtzufinden. In den Nächten war er unruhig. Er schrak plötzlich aus dem Schlaf hoch. Tagsüber lag er am liebsten unter dem Wohnwagen. Er hatte nur mäßigen Appetit.

„Ipo wirkt bedrückt", sagte ich eines Abends zu Robert.

„Ich glaube, dass ihm die Reise einfach viel Kraft kostet. Das ist definitiv das letzte Mal. Im nächsten Jahr bleiben wir mit Ipo zu Hause in seiner gewohnten Umgebung."

„Einverstanden, aber jetzt genießen wir die Zeit mit ihm auf Sardinien."

„Das machen wir."

Die nächsten Tage zog ein Gewitter nach dem anderen auf. Der Campingplatz verwandelte sich in eine Sumpflandschaft. Wir nutzten die Regenpausen, um mit Ipo spazieren zu gehen. Er war wacklig auf den Beinen. Er übersah einen Graben und blieb mit dem Hinterlauf darin stecken. Einige Stunden nach dem Vorfall konnte er nicht mal mehr aufstehen. Er raffte sich zwar auf, kippte aber sofort wieder zur Seite. Obwohl Sonntag war, bekam ich Ipos Tierheilpraktiker ans Telefon. Ich gab Ipo die verordneten Mittel aus der Reisapotheke. Aber Ipo ging es immer schlechter. Wir packten kurz entschlossen alles zusammen und buchten die Fähre nach Hause. Wir wollten Ipo in seiner gewohnten Umgebung wissen und ihn dort wieder gesund pflegen. Zwei Wochen nach unserer Rückkehr kehrte seine Lebhaftigkeit zurück. Die Verletzung am Hinterlauf verheilte. Jetzt stand endgültig fest, dass Ipo seinen Lebensabend zu Hause verbringen wird und dass die gemeinsamen Reiseabenteuer endgültig Geschichte waren.

Ehe der Winter kam, war Ipo wieder einigermaßen stabil. Aber Eis und Schnee setzten ihm mächtig zu. Auf glatten Straßen kam er schnell ins Straucheln. Oftmals zog es ihm die Hinterläufe weg und er landete auf dem Bauch. Ipos Gang wurde steifer. Es war unübersehbar, dass sich seine Stoffwechselvorgänge verlangsamten. Seine Muskulatur und sein Bindegewebe waren weniger leistungsfähig. Die Gelenke wurden schlechter unterstützt und stärker belastet. Bei nasskaltem Wetter war es besonders schlimm. Bei kniehohem Pulverschnee war Ipo früher in einen Freudentaumel verfallen. Diesen Winter schlich er an der Hausmauer entlang, um nicht durch den hohen Schnee waten zu müssen.

„Ich schaufle Ipo einen Weg im Garten", erklärte Robert unseren verwunderten Nachbarn, als sie ihn beobachten, wie er statt der Garagenausfahrt die Rasenfläche vom Schnee befreite. Ipo entwickelte eine Liebe zu dem Platz vor dem Kaminofen, wo die Wärme auf seinen Rücken strahlte. Er schlief viel und statt uns wie früher vom Schreibtisch zu verjagen, liebte er jetzt die Büronickerchen, solange nur einer von uns beiden in seiner Nähe war. Robert hatte sich im ersten Stock ein Home-Office eingerichtet. Mein Büro war im Dachgeschoss und ich konnte unmöglich Ipo mehrmals täglich die zwei steilen Treppen dorthin hinauftragen. Deshalb verlegten wir sein Hundebett unter Roberts Schreibtisch. Im Handumdrehen war Robert Ipos wichtigste Bezugsperson, an der er sich ausschließlich orientierte. Selbst wenn Ipo im Tiefschlaf war, konnte Robert nicht unbemerkt den Raum verlassen. Ipo wurde immer anhänglicher. Wenn möglich, folgte er ihm auf Schritt und Tritt. Der Höhepunkt der Woche war nicht wie sonst ein Ausflug in die Berge, sondern die Fahrt zum Bäcker, um frische Brötchen zu holen. Trotz vieler altersbedingter Verhaltensänderungen behielt Ipo ein untrügliches Zeitgefühl. Er schlief an den Wochentagen gerne etwas länger. Am Samstagmorgen tauchte er pünktlich um sechs Uhr vor dem Bett auf und setzte alles daran, um uns so schnell wie möglich aus den Federn zu bringen. „Der Bäcker hat um zehn Uhr auch noch frische Brötchen", rief ich verärgert, um im nächsten Moment doch aufzustehen. Robert erbarmte sich und ließ Ipo in den Garten. Obwohl Ipo bisher keinen vermehrten Harndrang hatte, wollten wir ihm die Chance geben, sich rechtzeitig zu lösen.

Ipo hatte den Winter gut gemeistert und der Frühling weckte seine ganzen Lebenskräfte. Das Immunsystem wurde besser und Ende April feierte er seinen fünfzehnten Geburtstag. Wir waren überglücklich. Gerne verzichteten wir auf die Frühjahrsreise nach Sardinien, wenn nur Ipo bei uns war. Wir hatten nicht damit gerechnet, dass er ein so hohes Alter erreichen würde. Ein Check-up beim Tierheilpraktiker brachte für sein fortgeschrittenes Alter beste Ergebnisse. „Wenn Ipo keine großen Stunts macht, kann er auch noch seinen sechzehnten Geburtstag feiern." Seine Worte zum Abschied klangen wie Musik in unseren Ohren. „Die durchschnittliche Lebenserwartung eines Golden Retrievers liegt bei zwölf bis vierzehn Jahren", fuhr er fort. „Ipo ist ein Methusalem. Ich bin immer wieder fasziniert, über welche Selbstheilungskräfte er noch verfügt."

Unsere Aufgabe bestand nun darin, Ipo dabei zu unterstützen, sein Leben bis zum Ende auszukosten, bevor es wie das Licht einer Kerze langsam erlosch. Auch wenn der Gedanke an den Abschied schmerzte, konnten wir ihn nicht mehr beiseiteschieben. Gleichzeitig waren wir dankbar, dass Ipo die Gelegenheit hatte, sein Leben voll und ganz auszukosten und er nicht durch eine unheilbare Krankheit aus dem Leben gerissen wurde. Wir wünschten uns nichts sehnlicher, als dass Ipo bis zum Schluss ein glückliches Leben ohne Schmerzen haben darf. Wir befanden uns ständig im Wechselbad der Gefühle. Zum ersten Mal in unserem Leben schmiedeten wir keine großen Pläne. Wir lebten bewusst Tag für Tag und freuten uns, wenn Ipo ihn mit Freude und bei Kräften erlebte. Langsam ließ die Muskelkraft an seiner Hinterhand nach. Beim Aufstehen war er manchmal auf unsere helfende Hand angewiesen. Ipo brauchte verlässliche Tagesrhythmen. Schon der Besuch von Freunden brachte ihn durcheinander. Dann fand er keine Ruhe und am nächsten Tag war er wie gerädert. „Na, Ipo. Hast wohl heute Nacht wieder durchgetanzt", scherzte Robert dann immer. Ipo zeigte immer noch guten Appetit. Allerdings setzte ich seine Lieblingsgerichte auf den Speiseplan. Ich mischte Thunfisch oder gedünsteten Brokoli unter das Flockenfutter. Morgens bekam er ein rohes Eigelb und abends biss er beherzt in die großen Kaustangen.

Ich fühlte mich in die Welpenzeit zurückversetzt, als sich alles nur um Ipo gedreht hatte. „Jetzt schließt sich der Kreis", sagte ich zu Robert, als ich Ipo beobachtete, wie er glücklich auf dessen Füßen schlief.

Sommer und Herbst verstrichen. Wir hofften auf einen milden Winter. „Einen schneereichen Winter wird Ipo wohl nicht mehr schaffen", sagte ich zu Robert, als wir die Gartenmöbel winterfest verpackten.

„Mal sehen. Ipo ist ein Kämpfer. Er gibt so schnell nicht auf. Sein Lebenswille ist enorm", erwiderte Robert und verschnürte den Sonnenschirm.

Im November schlug der Winter mit aller Härte zu und hielt uns bis Februar fest im Griff. Ich erschrak, als ich Ipo den Hundemantel umlegte. Seine Muskeln hatten sich soweit zurückgebildet, dass der Mantel eine Nummer zu groß war. Robert trug es mit Humor. „In den wächst du schon noch hinein, Ipo." Ich war Robert nicht böse. Es war seine Art, mit Ipos nachlassender Lebenskraft umzugehen und schließlich half er Ipo mit Humor und guter Laune viel mehr, als wenn er ständig weinerlich und mit trauriger Miene herumgelaufen wäre. Ipo blieb im Geiste jung. Er übersah nur, dass sein Körper alterte. Das bekam er immer dann besonders zu spüren, wenn er wie in jungen Jahren durch die Gegend fegte, aber seine Pfoten die angepeilte Kurvenlage nicht mehr erreichten. Der unvermeidliche Sturz folgte und einmal mehr heilten wir mit Akupunktur und Homöopathie die Folgen des verunglückten Anflugs von Jugendlichkeit. Ab Weihnachten mussten wir die Spaziergänge verkürzen. Ipo wollte unbedingt nach draußen, aber er schaffte die Wege nicht mehr. Selbst wenn Robert Ipo anleinte und ihn dazu zwang, ganz langsam Schritt für Schritt zu gehen, kam Ipo fix und fertig zu Hause an. Er schaffte es nicht mal mehr, die kleine Stufe am Einstieg zu überspringen. Ipo musste sich morgens und mittags mit dem Garten zufriedengeben. Am Abendspaziergang hielten wir unverändert fest. Allerdings nahm die Distanz Woche für Woche ab. Zum Ende des Winters kamen wir gerade noch bis zur Hundewiese um die Ecke. Dass er immer noch imstande war, die Hundespuren zu lesen, stärkte sein Selbstbewusstsein.

Als das Frühjahr nahte, hatten wir Hoffnung, dass Ipo auch noch seinen sechzehnten Geburtstag feiern würde. Wir waren überglücklich, als er den Jubeltag gesund und munter beging. Ab jetzt galt das Motto: Ipo atmet, Ipo steht, Ipo frisst, Ipo geht – das ist alles, was zählt. In der Hoffnung, dass er eines Tages ruhig einschläft, feiern wir weiterhin jeden Tag so, als wäre es sein letzter. Denn eins ist sicher: Auch wenn Ipo uns verlässt, hat er tief in unseren Herzen unauslöschliche Spuren hinterlassen. Ipo hat unser Herz erobert und wird darin immer weiterleben.

Danke

Drei Jahre spukte der Gedanke Ipos Leben niederzuschreiben in meinem Kopf herum. Danke Robert für deine liebevolle Unterstützung. Du warst verantwortlich dafür, dass meine Idee Wirklichkeit wurde. Hättest du mich nicht immer wieder mit der Nase darauf gestupst, hätte ich vermutlich nie den Mut gefasst, dieses Buch zu schreiben. Jetzt am Ende merke ich erst, wie gut mir das Schreiben tat. Während ich sechzehn Jahre unseres Lebens Revue passieren ließ, wurde mir einmal mehr bewusst, dass mich das Leben mit dem Größten beschenkte, was es gibt – bedingungslose Liebe und tiefes Vertrauen.

Besonderer Dank gilt auch meinem Vater, der die Liebe zu unseren vierbeinigen Lebensgefährten mit mir teilte und dafür sorgte, dass stets ein treuer Vierbeiner an meiner Seite war. Liebste Mutti, vielen Dank, dass du mir als Kind meinen größten Wunsch nach einem eigenen Hund erfüllt hast, auch wenn die Kothaufen im Garten und die Besuche beim Tierarzt an dir hängen blieben. Danke auch an den Rest unserer Familie und an unsere Freunde, die Ipo als Mittelpunkt unseres Lebens sofort akzeptierten und Verständnis dafür aufbrachten, dass wir seit Ipos Einzug nur noch im Dreierpack auftauchten.

Mein großer Dank gilt auch den vielen Ipo Fans, die seit Erscheinen seines ersten Buches „Aloha auf vier Pfoten" an seinem und unserem Leben teilnahmen.

Danke an alle, die Ipo zeit seines Lebens liebevoll betreuten und uns in Gesundheitsfragen nach bestem Wissen und Gewissen zur Seite standen. Danke an alle Kollegen, Freunde und nächsten Verwandten, die ich leider nicht alle namentlich hier erwähnen kann. Danke für euer Verständnis, dass ihr mich für die Zeit des Schreibens weder mit Fragen gelöchert, noch mir Vorwürfe gemacht habt. Ihr habt großzügig meinen Rückzug akzeptiert und mir die Zeit für dieses Buch gegeben.

Mein größter Dank gilt Ipo, ohne den dieses Buch verständlicherweise nie entstanden wäre. Du sollst wissen, dass du mir unendlich fehlen wirst. Du hast mir gezeigt, welch großes Abenteuer das Leben ist und dass am Ende nur zählt, an wie vielen Tagen des Lebens man herzhaft gelacht und unendlich geliebt hat. Danke Ipo für dein tiefes Vertrauen und dafür, dass du mir dein Herz geschenkt hast.

Hundeerzählromane – Ipos Leben in drei Bänden

Aloha auf vier Pfoten 1

Ein Golden Retriever erobert die Welt

In Band 1 erzählt Ipo aus seinen ersten acht Lebensjahren. Er erzählt von seinen Ursprüngen auf Hawaii. Heiter und einfühlsam beschreibt er seine Zeit als Welpe bis zum erwachsenen Goldie. 66 Geschichten aus Alltag und Reisen quer durch Europa. Mit vielen Bildern untermalt.

ISBN: 978-3-9811146-1-4 (Printausgabe)
ISBN: 978-3-9811146-6-9 (eBook epub)
ISBN: 978-3-941745-00-1 (eBook PDF)

Aloha auf vier Pfoten 2

Ein Golden Retriever erobert die Welt

In Band 2 schildert Ipo, wie man ein erwachsener Hund wird und gleichzeitig seine Neugier und Lebensfreude behält. Neben Erlebnissen aus dem Alltag und von vielen Reisen philosophiert Ipo über die „Zweibeiner". Mit vielen Bildern untermalt.

ISBN: 978-3-9811146-0-7 (Printausgabe)
ISBN: 978-3-9811146-7-6 (eBook epub)
ISBN: 978-3-941745-02-5 (eBook PDF)

Aloha auf vier Pfoten 3

Ein Golden Retriever erobert die Welt

In Band 3 berichtet Ipo, wie man bis ins hohe Alter fit und gesund bleibt. Mit nunmehr 12 Jahren ist er Lehrmeister, wenn es um Lebensspaß, Aktivität und bedingungslose Liebe geht. Mit vielen Bildern untermalt.

ISBN: 978-3-9811146-2-1 (Printausgabe)
ISBN: 978-3-9811146-8-3 (eBook epub)
ISBN: 978-3-941745-04-9 (eBook PDF)

Aloha Ipo – meine Liebe auf vier Pfoten

Warum wir Menschen unser Herz an feuchte Hundeschnauzen verlieren

Ein wunderbares Geschenkbuch mit feinfühligen Liebesbriefen, gefühlvollen Farbbildern und wunderbaren Collagen – eine Hommage und Danksagung an Ipo.

ISBN 13: 978-3-9811146-4-5 (Printbuch)
ISBN 13: 978-3-9811146-5-2 (eBook epub)
ISBN 13: 978-3-9811146-9-0 (eBook PDF)

Aloha auf vier Pfoten Momente

Ein Philosoph im Hundepelz zeigt, wie jeder Tag zum Glückstag wird

Ipo schildert, wie man den Alltag meistert und Freude in sein Leben bringt. Erstmals liefert ein Vierbeiner die Anleitung zum Glücklichsein. Mit vielen Farbbildern und bewegenden Texten.

ISBN 13: 978-3-9811146-3-8 (Printbuch)
ISBN 13: 978-3-941745-07-0 (eBook epub)
ISBN 13: 978-3-941745-06-3 (eBook PDF)

Hunde Senior – na und?
Aloha Ipo und die Lust am Leben

Vitamindoping, Hundemantel und Badeerlaubnis bei Südseetemperaturen. Graue Schnauze und Alters-Zipperlein verändern einiges im Leben von Golden Retriever Ipo. Er begegnet nachlassenden Körperkräften mit einem einfachen Rezept und zunehmender Lebensfreude. Ein durch und durch positives Buch für alle deren Hunde in den besten Jahren sind.

ISBN 13: 978-3-941745-01-8 (Printbuch)
ISBN 13: 978-3-941745-03-2 (eBook epub)
ISBN 13: 978-3-941745-05-6 (eBook PDF)

Der AlohaIpo Verlag

Der AlohaIpo Verlag steht für Bücher, die pure Lebensfreude versprühen. Seine Ursprünge kommen aus dem Hawaiianischen. „Aloha" wird auf Hawaii für die liebevolle Begrüßung verwendet und bedeutet „Herzlich Willkommen". Gleichzeitig haben Menschen mit Aloha Spirit eine positive Lebenseinstellung und ein sonniges Lebensgefühl. „Ipo" heißt in der polynesischen Sprache „Liebling".

Erleben Sie die Welt der Bücher mit Aloha Spirit. Tauchen Sie ein in den Zauber der Leichtigkeit und Schönheit von Hawaii. In unseren Büchern geben wir weiter, was Hunde uns schenken – Lebensfreude, Lebensglück und Liebe. Sie sind geschrieben von Menschen, deren Geschichten aus ihren Herzen kommen.

Unser Verlagsprogramm finden Sie unter

www.alohaipo.com